中等职业教育国家规划教材（电子与信息技术专业）

# 电子设计自动化技术

## （第3版）

陈 松 田 阳 主 编

冯明新 朱海艺 副主编

電子工業出版社
Publishing House of Electronics Industry
北京 • BEIJING

## 内容简介

本书是中等职业教育国家规划教材，是根据教育部颁发的中等职业学校电子与信息技术专业“电子设计自动化技术”课程教学大纲编写的，书中选用了国内外广泛使用的、符合我国标准并且易于教学的电子设计软件。

本书主要内容分为电子电路的仿真、印制电路板（PCB）设计及复杂可编程逻辑器件（CPLD）设计3个方面，介绍了最近较为流行的3个软件：NI Multisim 11（电子电路仿真软件）、Protel 2004（印制电路板设计软件）、ispDesignEXPERT（Lattice公司的PLD设计软件）。

本书采用模块式编写，可供中等职业学校电子与信息技术等专业使用，同时也可以作为职业培训教材或从事电子技术工作的工程技术人员的参考资料。



**图书在版编目（CIP）数据**

电子设计自动化技术 / 陈松，田阳主编. —3版. —北京：电子工业出版社，2016.10
ISBN 978-7-121-29755-7

Ⅰ.①电… Ⅱ.①陈… ②田… Ⅲ.①计算机设计自动化－职业教育－教材 Ⅳ.①TP391.72

中国版本图书馆CIP数据核字（2016）第201066号

策划编辑：杨宏利
责任编辑：郝黎明
印　　刷：北京捷迅佳彩印刷有限公司
装　　订：北京捷迅佳彩印刷有限公司
出版发行：电子工业出版社
北京市海淀区万寿路173信箱　邮编 100036
开　　本：787×1 092　1/16　印张：11.75　字数：300.8千字
版　　次：2003年6月第1版
2016年10月第3版
印　　次：2021年1月第2次印刷
定　　价：26.00元

凡所购买电子工业出版社图书有缺损问题，请向购买书店调换。若书店售缺，请与本社发行部联系，联系及邮购电话：（010）88254888，88258888。

质量投诉请发邮件至zlts@phei.com.cn，盗版侵权举报请发邮件至dbqq@phei.com.cn。

本书咨询联系方式：（010）88254591，lishan@phei.com.cn。

本书是根据教育部颁发的中等职业学校电子与信息技术专业“电子设计自动化技术”课程教学大纲编写的，并根据两年来一些学校的使用反馈信息，对 NI Multisim 11 软件部分的内容进行了重新编写，引入汉化 NI Multisim 11 界面，更有利于教师教学和学生学习。

本书在编写过程中力图体现如下特色。

1．实用性。本书所选内容对学生将来工作及在校其他课程的学习非常有帮助，所列举例题也尽量贴近实际。

2．通用性。本书在结构上采用了模块化方式组织内容，各模块之间既相互联系又具有独立性，以便于各校教师组织教学。在教学内容的组织方面采用边教边学的方法，充分体现了职教的特色。

3．科学性。本书很好地处理了教学内容与其他课程的衔接关系；在软件选用上采用了较为流行、易于使用和教学的 NI Multisim11 和 Protel 2004 软件，软件所使用的符号符合国家标准，内容分工上 Multisim 软件负责原理图绘制和电路的仿真，Protel 2004 软件负责印制电路板的设计，两种软件又能做到很好的衔接，从原理图绘制到印制电路板设计能平滑过渡。可编程设计软件选用了 ispDesignEXPERT 软件，该软件既可以设计小规模可编程逻辑器件，又可以设计复杂可编程逻辑器件（CPLD），较好地解决了从数字逻辑电路中的小规模可编程逻辑器件设计到复杂可编程逻辑器件设计的过渡问题。

4．交互性。为了便于教材的学习，作者特开通http://www.eda800.com网站，提供相关例子的下载，并对使用过程中的共性问题提供解决办法，为编者与读者提供了交互式的平台。

本书基础模块教学课时数为 60 学时，学时分配方案建议如下，供授课教师参考。

| 序号 | 课 程 内 容 | | 课 时 数 | | | |
|---|---|---|---|---|---|---|
| | | | 合计 | 讲授 | 实验与实训 | 机动 |
| 1 | 绪论 | | 2 | 2 | | |
| 2 | 电子电路仿真 | 电子电路仿真软件简介 | 4 | 2 | 2 | |
| | | 电子电路原理图绘制 | 8 | 4 | 4 | |
| | | 虚拟仪器的使用方法 | 10 | 6 | 4 | |
| | | 高级分析功能 | 10 | 6 | 4 | |
| | | 仿真分析结果的应用 | 4 | 2 | 2 | |
| 3 | 印制电路板设计 | 印制电路板设计基础 | 2 | 2 | | |
| | | 电路板手动设计 | 8 | 4 | 4 | |
| | | 电路板自动设计 | 6 | 2 | 4 | |
| 4 | 复杂可编程逻辑器件设计 | | 6 | 4 | 2 | |
| 总 计 | | | 60 | 34 | 26 | |

本书基础模块加选学模块教学为 80 学时，学时分配方案建议如下，供参考。

| 序号 | 课程内容 | | 课时数 | | | |
|---|---|---|---|---|---|---|
| | | | 合计 | 讲授 | 实验与实训 | 机动 |
| 1 | 绪论 | | 2 | 2 | | |
| 2 | 电子电路仿真 | 电子电路仿真软件简介 | 4 | 2 | 2 | |
| | | 电子电路原理图绘制 | 8 | 4 | 4 | |
| | | 虚拟仪器的使用方法 | 12 | 6 | 6 | |
| | | 高级分析功能 | 12 | 6 | 6 | |
| | | 元件 | 8 | 4 | 4 | |
| | | 仿真分析结果的应用 | 4 | 2 | 2 | |
| 3 | 印制电路板设计 | 印制电路板设计基础 | 2 | 2 | | |
| | | 电路板手动设计 | 8 | 4 | 4 | |
| | | 电路板自动设计 | 8 | 2 | 4 | 2 |
| 4 | 复杂可编程逻辑器件设计 | | 12 | 6 | 4 | 2 |
| 总计 | | | 80 | 40 | 36 | 4 |

本书还需要说明的一点是，书中没有对元件和器件加以严格区分，大都以“元件”表示，是为了与 Multisim 软件中的表述相一致，请读者注意。

在修订过程中，田阳负责全书的统稿工作，第 1 章～第 7 章由珠海市理工职业技术学校冯明新进行了重新编写，第 8 章、第 9 章、第 10 章由珠海市理工职业技术学校朱海艺进行了重新编写，其他编写人员有陈松、陈月胜、陈金坡。由于编者学识和水平有限，错漏之处在所难免，敬请读者批评指正。

为了方便教师教学，本书还配有电子教学参考资料包（电子版），请有此需要的教师登录华信教育资源网（www.huaxin.edu.cn或 www.hxedu.com.cn）免费注册后再进行下载，有问题时请在网站留言板留言或与电子工业出版社联系（E-mail:hxedu@phei.com.cn）。

编　者

2016 年 8 月

**第 1 章　绪论**……（1）

1.1　电子设计的工作流程……（1）

1.1.1　传统电子设计的工作流程……（1）

1.1.2　现代电子设计的工作流程……（1）

1.2　常用 EDA 软件简介……（2）

1.2.1　电子设计与仿真软件……（2）

1.2.2　原理图绘制及 PCB 设计软件……（3）

1.2.3　可编程器件设计软件……（3）

**第 2 章　电子电路仿真软件简介**……（4）

2.1　NI Multisim 11 软件的安装……（4）

2.1.1　NI Multisim 11 软件功能简介……（4）

2.1.2　NI Multisim 11 软件的运行环境……（5）

2.1.3　NI Multisim 11 的安装……（5）

2.2　NI Multisim 11 软件的基本界面……（13）

2.2.1　NI Multisim 11 菜单……（13）

2.2.2　NI Multisim 11 系统工具栏……（14）

2.2.3　NI Multisim 11 设计工具栏……（14）

2.2.4　NI Multisim 11 元器件工具栏……（15）

2.2.5　NI Multisim 11 仪器工具栏……（15）

2.3　NI Multisim 11 软件的设置……（16）

2.3.1　电路图显示方式的设置……（16）

2.3.2　自动存盘功能设置……（17）

2.3.3　电路窗口显示特性设置……（18）

2.3.4　元件符号标准设置……（18）

2.3.5　电路打印设置……（19）

习题……（20）

**第 3 章　电子电路原理图绘制**……（21）

3.1　NI Multisim 11 软件的电路元件的选择……（21）

3.1.1 元件的分类 …… (21)
3.1.2 元件的选择 …… (21)
3.2 Multisim 电路元件的放置及调整 …… (23)
3.2.1 元件的放置 …… (23)
3.2.2 元件的位置调整 …… (23)
3.2.3 元件的参数修改 …… (24)
3.3 NI Multisim 11 元件的连线 …… (26)
3.3.1 自动连线 …… (26)
3.3.2 手工连线 …… (26)
3.3.3 设置导线的颜色 …… (26)
3.4 子电路（Subcircuits） …… (26)
3.4.1 创建子电路 …… (27)
3.4.2 添加子电路 …… (27)
3.4.3 修改子电路 …… (28)
3.5 总线的应用 …… (28)
3.6 原理图的其他要素 …… (30)
3.6.1 原理图图纸的大小设置 …… (30)
3.6.2 原理图中的文字说明 …… (31)
3.6.3 原理图标题栏设置 …… (31)
3.7 原理图绘制举例 …… (32)
3.7.1 新建电路图文件 …… (32)
3.7.2 放置元件及设置电路参数 …… (33)
3.7.3 连接各元件 …… (34)
3.7.4 编写文字说明 …… (34)
3.7.5 仿真 …… (35)
习题 …… (35)
**第 4 章 虚拟仪器的使用方法** …… (36)
4.1 仪器的一般介绍 …… (36)
4.1.1 仪器的表示方法 …… (36)
4.1.2 在电路中放置仪器 …… (37)
4.1.3 仪器的使用 …… (37)
4.2 数字式万用表 …… (37)
4.2.1 万用表的测量方法 …… (38)
4.2.2 万用表应用举例 …… (40)
4.3 函数信号发生器（Function Generator） …… (42)
4.4 双踪示波器 …… (43)

4.4.1 使用示波器测量电容的充电特性……（44）
4.4.2 两路非整数倍频率信号波形的观察……（45）
4.4.3 示波器应用举例……（45）
4.5 功率计……（47）
4.6 波特图示仪……（48）
4.6.1 波特图示仪的连接方法……（48）
4.6.2 波特图示仪的设置……（49）
4.6.3 测试结果的观察……（49）
4.6.4 波特图示仪应用举例……（50）
4.7 失真度分析仪……（50）
4.8 逻辑转换仪……（51）
4.8.1 由电路图得到真值表及表达式……（52）
4.8.2 由真值表得到表达式及电路……（53）
4.8.3 由表达式得到电路及真值表……（54）
4.8.4 逻辑转换仪应用举例……（54）
4.9 字信号发生器……（56）
4.9.1 输入状态……（56）
4.9.2 工作方式……（56）
4.9.3 频率设置……（57）
4.9.4 应用举例……（57）
4.10 逻辑分析仪……（58）
4.11* 频谱分析仪……（59）
4.11.1 频谱分析仪的使用……（59）
4.11.2 频谱分析仪应用举例……（60）
4.12 虚拟仪器应用举例……（62）
习题……（64）
第5章 高级分析功能……（67）
5.1 如何进行分析……（67）
5.2 直流工作点分析……（70）
5.2.1 直流工作点分析举例……（70）
5.2.2 直流工作点分析不成功的情况……（71）
5.3 交流分析……（72）
5.4 傅里叶分析……（73）
5.4.1 方波信号的傅里叶分析……（73）
5.4.2 调幅信号频谱的分析……（75）
5.5 直流扫描分析……（75）

5.5.1 直流扫描分析的参数设置 …… (75)
5.5.2 直流扫描分析的应用举例 …… (76)
5.6 瞬态分析 …… (77)
5.6.1 瞬态分析的参数设置 …… (78)
5.6.2 瞬态分析应用举例 …… (78)
5.7 参数扫描分析 …… (80)
5.8 温度扫描分析 …… (82)
习题 …… (83)
第6章 元件 …… (84)
6.1 NI Multisim 11 软件系统元件 …… (84)
6.1.1 电源信号源库 …… (84)
6.1.2 基本元件库 …… (85)
6.1.3 二极管库 …… (85)
6.1.4 晶体管库 …… (86)
6.1.5 模拟集成电路库 …… (87)
6.1.6 TTL 集成电路库 …… (88)
6.1.7 CMOS 集成电路库 …… (89)
6.1.8 数字集成电路库 …… (89)
6.1.9 混合芯片库 …… (90)
6.1.10 指示元件库 …… (90)
6.1.11 电源器件库 …… (91)
6.1.12 其他器件库 …… (91)
6.1.13 先进的外围设备库 …… (92)
6.1.14 射频元件库 …… (92)
6.1.15 机电类元件库 …… (93)
6.1.16 NI 元件库 …… (93)
6.1.17 微控制器器件库 …… (94)
6.2 元件模型的建立方法 …… (94)
6.2.1 元件模型说明 …… (94)
6.2.2 元件编辑器简介 …… (95)
6.2.3 元件库编辑的一般步骤 …… (95)
6.2.4 元件符号编辑 …… (97)
6.2.5 编辑元件模型 …… (101)
6.3 新建元件库 …… (102)
6.4 新建元件的使用 …… (108)

第 7 章　仿真分析结果的应用……（109）
7.1　原理图在其他软件中的应用……（109）
7.2　仿真分析结果在其他文档中的应用……（110）
7.2.1　记录仪……（110）
7.2.2　应用图表……（112）
7.3*　PCB 网络表文件的生成……（112）
7.3.1　原理图的准备工作……（112）
7.3.2　元件封装的定义……（113）
7.3.3　网络表输出……（113）
第 8 章　印制电路板设计基础……（115）
8.1　电路板的相关知识……（115）
8.1.1　电路板的结构……（115）
8.1.2　电路元件封装形式……（116）
8.1.3　电路原理图与电路板图的对应关系……（117）
8.2　电路板设计方法及过程……（118）
8.2.1　全手工设计……（118）
8.2.2　半自动化设计……（119）
8.2.3　全自动化设计……（119）
8.3　Protel 2004 软件介绍……（120）
8.3.1　启动 Protel 2004 集成环境……（120）
8.3.2　Protel 2004 集成环境简介……（120）
8.3.3　启动 Protel 2004……（122）
8.3.4　Protel 2004 工作界面……（124）
第 9 章　电路板手动设计……（127）
9.1　单面板的设计方法……（127）
9.1.1　新建设计数据库与电路板文件……（127）
9.1.2　元件的放置及调整……（128）
9.1.3　手工布线……（131）
9.1.4　电路板板框设置……（134）
9.1.5　电路板的打印和预览……（134）
9.2　双面电路板的设计……（135）
9.2.1　双面电路板的设计规则……（135）
9.2.2　双面板的手工布线……（135）
9.3　创建新元件封装……（136）
9.3.1　利用元件封装向导新建封装……（136）
9.3.2　新建元件封装的使用……（139）

习题 …… (139)
第 10 章　电路板自动设计 …… (141)
10.1　从电路原理图生成网络表 …… (141)
10.2　自动走线实例 …… (142)
10.2.1　新建电路板文件并建立板框 …… (142)
10.2.2　装入网络表文件 …… (147)
10.2.3　放置元件 …… (148)
10.2.4　自动走线 …… (148)
第 11 章　复杂可编程逻辑器件设计 …… (149)
11.1　复杂可编程逻辑器件设计概述 …… (149)
11.2　可编程逻辑器件的设计方法 …… (152)
11.2.1　硬件描述语言 …… (153)
11.2.2　原理图描述 …… (156)
11.3　可编程逻辑器件设计软件 …… (157)
11.3.1　ABEL-HDL 语言输入 …… (157)
11.3.2　原理图输入及混合输入 …… (160)
11.3.3　熔丝图文件下载 …… (165)
第 12 章　实验 …… (167)
12.1　原理图绘制实验 …… (167)
12.2　单管放大器仿真实验 …… (168)
12.3　两级放大器测试 …… (169)
12.4　逻辑电路分析 …… (170)
12.5　印制电路板制作 …… (171)
12.6　可编程逻辑器件设计 …… (173)
附录 A　Multisim11 软件快捷键清单 …… (175)
参考文献 …… (176)

# 第1章

# 绪 论

## 1.1 电子设计的工作流程

### 1.1.1 传统电子设计的工作流程

完成一个电子产品的设计必须经过原理设计、初步验证、小批量试制、大批量生产等几个过程。对于电子产品设计师而言，必须保证理论设计、初步验证两个过程完全正确，才能将电路设计图绘制成电路板图，并进行进一步的生产。

早期电子产品设计的验证工作很多都是按照设计完成的电路图在面包板或 PC 板上进行安装，然后再用电源、信号发生器、示波器等各种测试仪表来加以验证。这种做法的最大缺点是制作测试电路板的过程费时、费力又损耗材料，如果结果有误还要花大量的精力来弄清楚是设计的错误还是电路制作时的问题。这种方法在早期设计小型电路时还是可以应付的，随着电路规模越来越大、复杂度越来越高，这种设计方法已经不能适应现代设计的需要。

手工设计电路板图也是一个比较复杂的工作，它需要经过元件布局、绘制草图、修改草图，最后才能绘制出所需要的电路板图。随着元件的数量增多，电路板的尺寸减小，电路板的层数越来越多，已经无法再用手工进行设计；另外随着元件数量的增多，各元件相互之间的干扰、耦合也就变得更加复杂，这就需要电路板设计师具有丰富的经验和很高的理论水平。

### 1.1.2 现代电子设计的工作流程

随着计算机软件技术的发展及对电子元件的进一步研究，人们可以通过对各种元件进行数学建模，并借助计算机软件对其进行分析、计算，在计算机上可以仿真出近似于实际结果的数据及各种波形。这种由软件进行验证的设计方法克服了传统方法的缺点，而且由于这种方式可以事先排除大部分设计上的缺陷，使得设计师可以将大量的精力用于设计而不是用于调试，因此大大提高了设计速度，使得新产品可以更快地推出，为企业带来更多的经济效益。

另外，从 20 世纪 70 年代初，计算机软件设计人员就开始解决电子设计方面的另一个问题，即电路板设计问题，开发出许多种电路板设计软件，从最早的仅仅将纸上的布线变成计算机的手工布线，到现在的自动布线，并且将元件之间的各种相互干扰（电磁干扰、热干扰）建成数学模型。电路板设计完成后不需要进行实物的电磁兼容测试或热兼容测试，借助于计算机就可以模拟出来，根据模拟就可以进行调整，因此即使不是电路板设计专家也可以设计出合格的电路板图。

20 世纪 80 年代开始出现了一类新器件，即可编程逻辑器件 PLD（Programmable Logic Device），这种器件采用了大规模集成电路技术，并且器件的功能可由用户来设计、定义，这使得将一个系统通过用户编程放置在一个芯片中成为可能。随着大规模集成电路技术的发展，PLD 器件设计软件性能的提高，现在已经出现了在一片 PLD 芯片上嵌入微处理器的技术，使得 PLD 器件得到更多的应用。

20 世纪 90 年代末可编程器件又出现了模拟可编程器件，用户可以通过这种模拟可编程器件设计出各种增益的放大器、滤波器等模拟电路。

在电子设计方面的资料中经常提到 EDA（Electronic Design Automation），其中文含义是“电子设计自动化”，即通过计算机的仿真和模拟软件进行原理设计及验证，借助于 PCB（Printed Circuit Board）软件进行电路板（PCB）的设计，最后还包括借助于可编程逻辑器件（PLD）的设计软件进行可编程器件的设计。

## 1.2 常用 EDA 软件简介

### 1.2.1 电子设计与仿真软件

20 世纪 70 年代美国加州柏克莱大学推出了 Spice 程序（Simulation Program with Circuit Emphasis），它将常用的元件用数字模型来表示，可以通过软件对电路进行仿真和模拟。它的出现带动了电子电路仿真模拟技术的飞速发展。早期的 Spice 软件仅支持模拟电路的仿真和模拟，随着数字技术的不断发展，Spice 推出包括数字元件模型的 Spice 2 版本，现在大量的电子电路仿真和模拟软件都建立在 Spice 2 及更高版本的基础上，如美国 OrCAD 公司的 Pspice 软件、加拿大 Interative Image Tech 公司的 Multisim 软件（WorkBench 软件的最新版本）。

常用的仿真和模拟软件有 Multisim 软件、Pspice 软件、Protel 99 以上版本，这些软件中 Pspice 软件的用户较多，它是最早在 PC 上使用的 Spice 软件，它们是基于 Spice 3.5 的元件模型，是较成熟的仿真模拟软件。

Multisim 软件是 EWB 软件的最新版本，它是至今为止使用最方便、最直观的仿真软件，其基本元件的数学模型也是基于 Spice 3.5 版本，但增加了大量的 VHDL 元件模型，可以仿真更复杂的数字元件，另外解决了 Spice 模型对高频仿真不精确的问题，Multisim 已是大学里使用最多的仿真软件之一，最近又推出了 NI Multisim 11 以上版本。

本书以美国国家仪器公司教育版 NI Multisim 11 仿真软件为平台，详细介绍 NI Multisim 11 的基本操作和仿真实用技巧。

Protel 原来是侧重于 PCB 设计的软件，为了使软件包含 EDA 方面的全部内容，在 Protel 99 版本之后加入了电路仿真软件模块、可编程器件设计模块，将 EDA 的全部内容整合为一体，发展潜力较大，本书详细介绍 Protel 2004 的基本操作与技巧。

### 1.2.2 原理图绘制及 PCB 设计软件

通常 PCB 软件都包括原理图的绘制软件，国内使用较多的有 Protel、OrCAD 等软件，Multisim 软件本身包括了原理图的绘制软件，Ultiboard 是与之配套的 PCB 软件。

### 1.2.3 可编程器件设计软件

可编程器件的设计软件一般是由可编程器件的生产厂商开发的，每个可编程器件开发商开发的软件专门用于自己公司器件的开发，如 Lattice 公司的 ispDesignEXPERT 软件、Altera 公司的 Max+Plus Ⅱ软件等，这些软件通常都支持硬件描述语言（如 ABEL、VHDL）、原理图设计等设计方法。

# 第2章

# 电子电路仿真软件简介

## 2.1 NI Multisim 11 软件的安装

### 2.1.1 NI Multisim 11 软件功能简介

2010年初，NI公司正式推出NI Multisim 11，其功能介绍如下。

（1）扩展了原有元器件库。使元件总数达到17000多种。

（2）不断改进虚拟接口，可以用虚拟接口进行网络连接，广泛用于单页、多页和层次结构的设计中。

（3）提升了可编程逻辑器件原理图设计仿真与硬件实现一体化融合的性能，将100多种新型基本元器件放置到仿真工作界面，搭接电路后可直接生成VHDL代码。

（4）专为学生定制了NI myDAQ。NI myDAQ是一款适合大学工程类课程的便携式数据采集设备。

（5）新增NI范例查找器。为了帮助用户熟悉仿真软件的使用，本身携带了大量的实例。

（6）强大的虚拟仪器功能。软件提供了双踪示波器、逻辑分析仪、波特图示仪及数字式万用表等十多种虚拟仪器，其友好、逼真的界面和在实验室中亲手操作仪器一样，并且可以将测试的结果加以保存，用于教学非常方便。

（7）可以与电路板设计软件无缝连接。NI Multisim 11软件的设计结果可以方便地导出到电路板设计软件中进行电路板布线。

（8）远程控制功能。NI Multisim 11软件支持远程控制功能，不仅可以将NI Multisim 11软件的界面共享给其他人，使其他人在自己的计算机上看到控制者的操作情况，而且可以将控制权交给其他人，让其他人操作该软件，这样可以实现交互式教学，是进行电子线路教学的理想工具。

由于NI Multisim 11结合了电路设计、仿真和可编程逻辑器件的设计，因此在从设计到生产的过程中，NI Multisim 11提供了设计师所需要的所有高级功能，设计师可放心地去创新设计，而无须去学习更多的EDA软件，也无须去解决相互之间的数据转换问题。

### 2.1.2 NI Multisim 11 软件的运行环境

运行 NI Multisim 11 需要如下硬件和软件条件。

（1）CPU。建议 i3 以上 CPU。

（2）内存。建议 1GB 以上内存。

（3）硬盘。建议 50GB 以上的空间。

（4）显示卡。建议须支持 1024×768 以上分辨率，并支持 256 色以上色彩。

（5）其他设备。光驱及鼠标。

（6）操作系统。建议 Windows XP 及更高版本。

### 2.1.3 NI Multisim 11 的安装

NI Multisim 11 的安装过程主要步骤如下。

#### 1. 安装 NI Multisim 11 的系统程序

（1）将 NI Multisim 11 安装系统盘放入到光驱，或将 NI Multisim 11 软件复制到硬盘上。单击“NI Circuit Design Suite 11.0.exe”进行安装，出现如图 2.1 所示的界面。

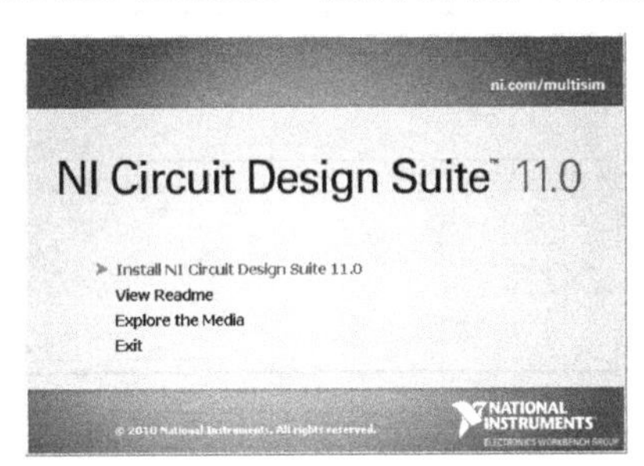


图 2.1　NI Multisim 11 启动后界面

（2）选择“Install NI Circuit Design Suite 11.0”选项，出现如图 2.2 所示的安装界面。

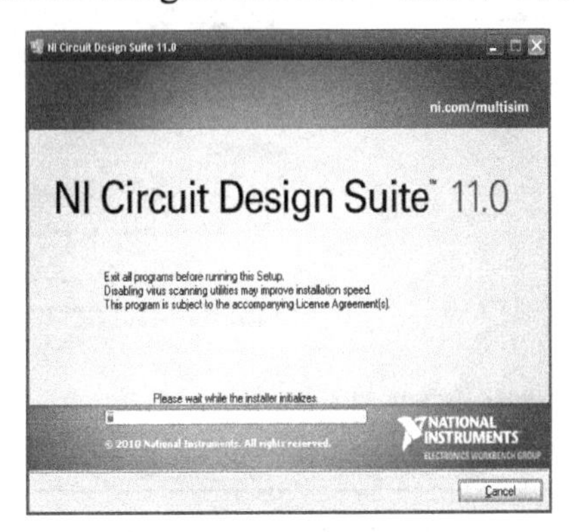


图 2.2　NI Multisim 11 安装界面

（3）启用安装后会自动弹出如图 2.3 所示的用户信息界面。随意输入 Full Name（用户名）和 Organization（组织名），Serial Number 要填写正确（建议用户先用注册机生成一个序列号然后填写），然后单击“Next”按钮，继续下一步安装。

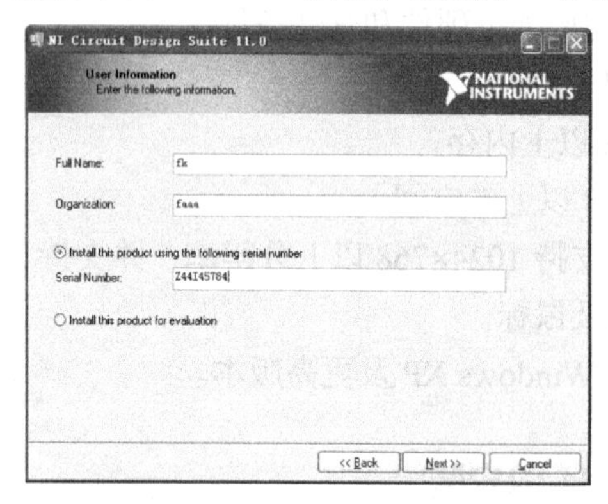


图 2.3　用户信息界面

（4）这时出现如图 2.4 所示的安装目标目录界面，单击“Next”按钮继续。

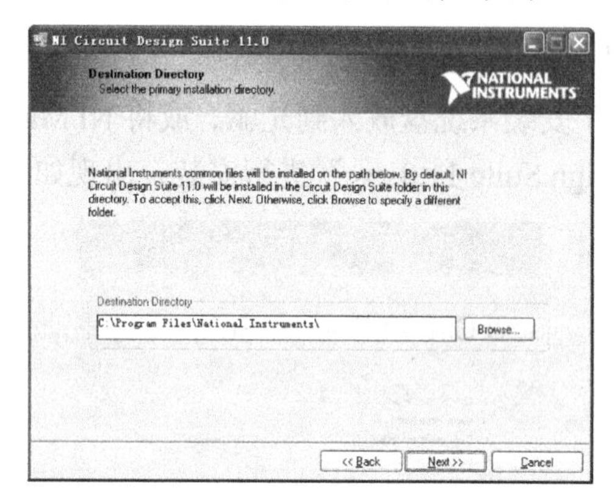


图 2.4　安装目标目录界面

（5）这时出现如图 2.5 所示的 Features 界面，单击“Next”按钮继续。

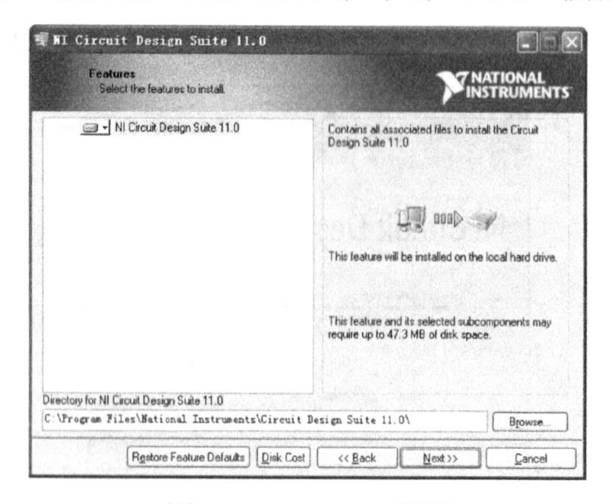


图 2.5　Features 界面

（6）这时弹出如图 2.6、图 2.7 所示的 License Agreement（软件许可协议）界面，选中“I accept the License Agreement”、“I accept the above 2 License Agreement(s)”单选按钮，再单击“Next”按钮继续。

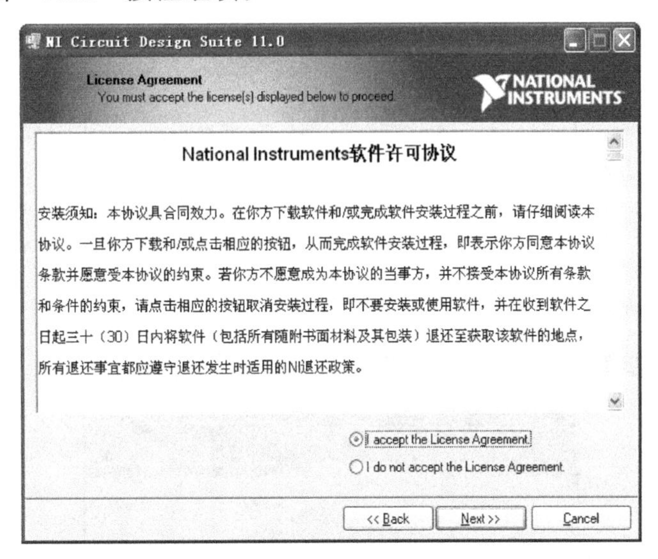


图 2.6　License Agreement（软件许可协议）界面 1

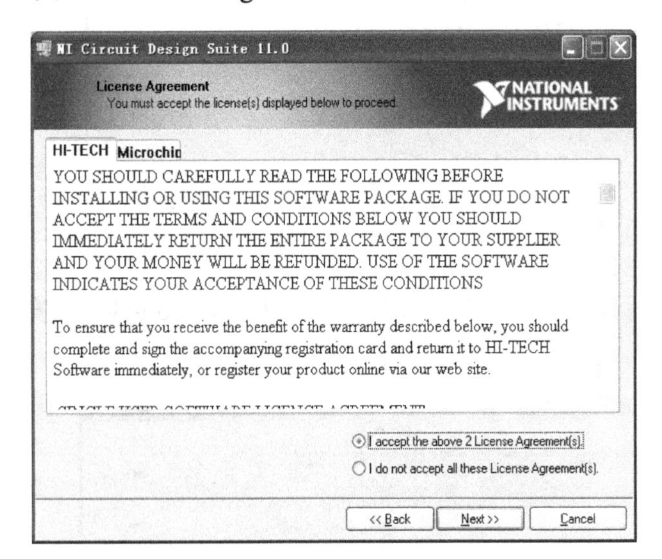


图 2.7　License Agreement（软件许可协议）界面 2

（7）这时弹出如图 2.8 所示的 Start Installation 界面，单击“Next”按钮继续。

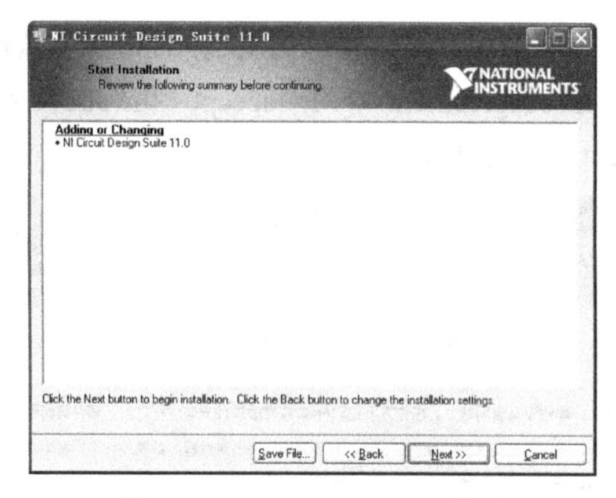


图 2.8　Start Installation 界面

（8）这时弹出如图 2.9 所示的安装界面，这时要花较长的时间。

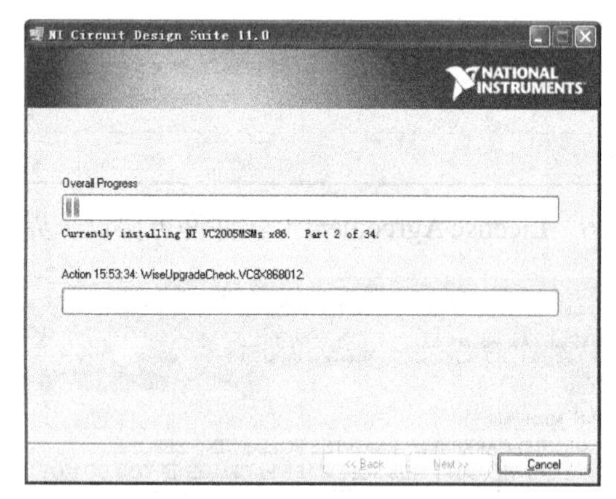


图 2.9　安装界面

（9）安装完成后，弹出如图 2.10 所示的 Installation Complete（安装完成）界面。

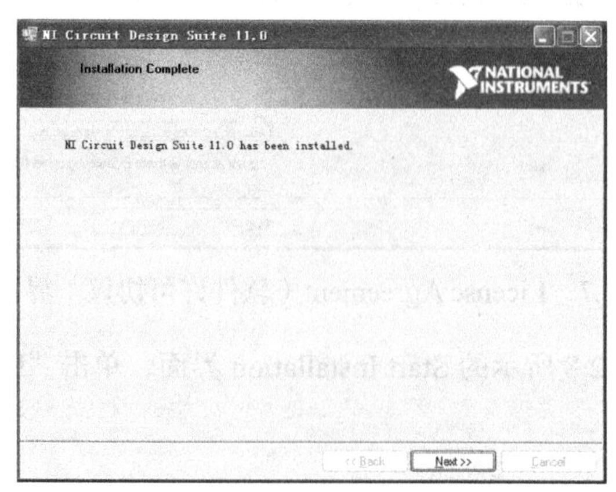


图 2.10　Installation Complete（安装完成）界面

（10）单击“Next”按钮后弹出如图 2.11 所示的消息对话框，单击“Restart Later”按钮安装完成！

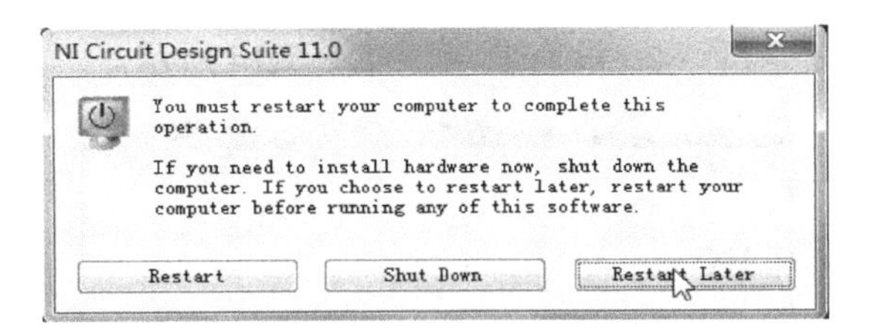


图 2.11 消息对话框

**【特别说明】**安装开始时需要的序列号和许可证文件并不相关，也就是说用户可以在30天试用期到了的时候再用注册机生成许可证文件进行注册即可。

### 2. 产生注册码及许可证文件

（1）运行注册机，如图 2.12 所示。

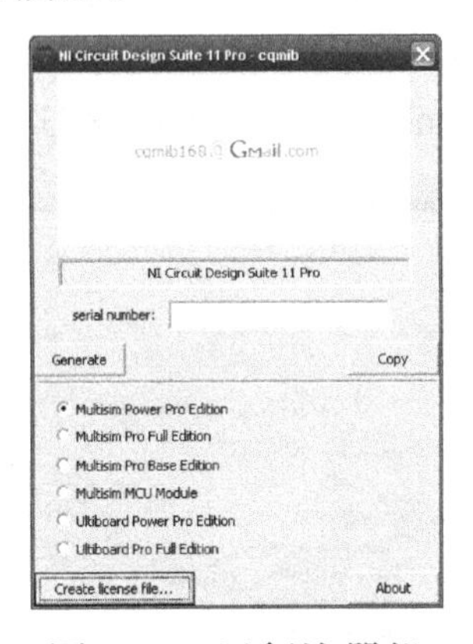


图 2.12 运行注册机

（2）选中“Multisim Power Pro Edition”单选按钮，然后单击“Generate”按钮，在serial number 文本框中出现 Z44I45784 信息，如图 2.13 所示。

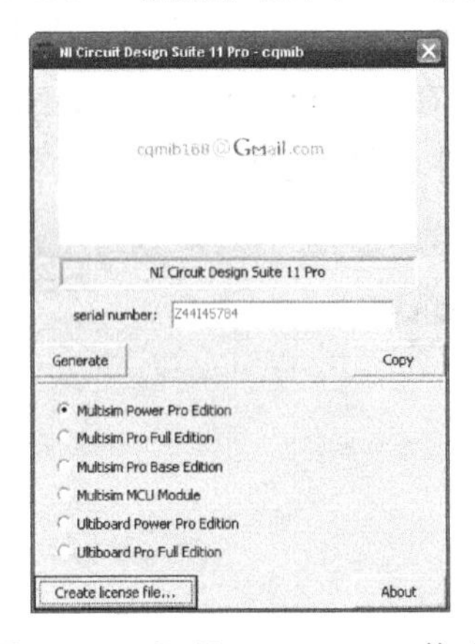


图 2.13 出现 Z44I45784 信息

再单击左下角的“Create license file”按钮，出现如图 2.14 所示的对话框，将生成的许可证文件保存在 C:\Program Files\NationalInstruments\Shared\License Manager\Licenses

文件夹中，文件名可自己随意定，没有要求，如图 2.14 所示。

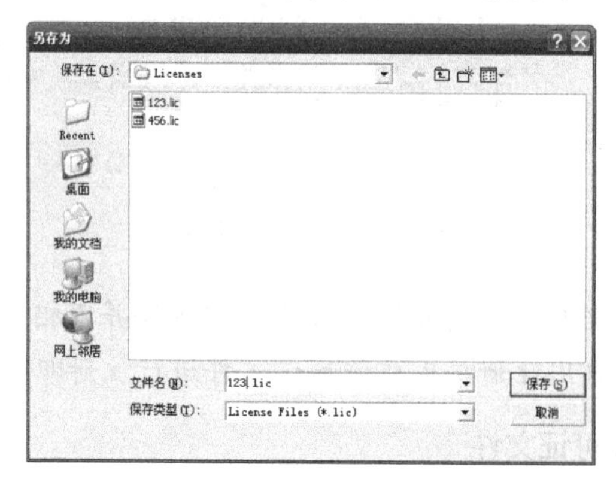


图 2.14　保存文件

（3）按第（2）步同样的方法，选中“Ultiboard Power Pro Edition”单选按钮，再单击“Generate”按钮，在 serial number 文本框中出现 G22Y81516 信息，如图 2.15 所示。

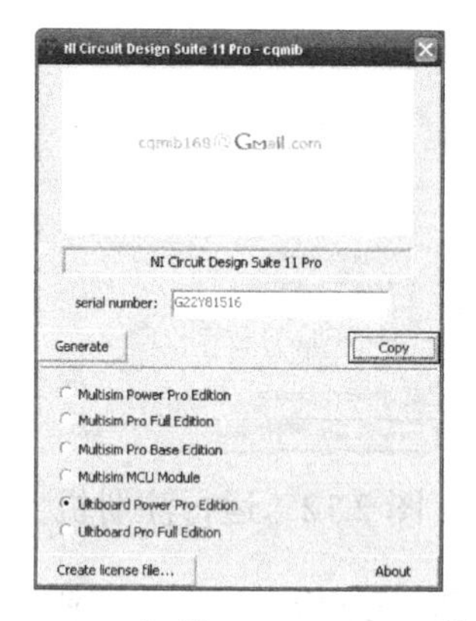


图 2.15　出现 G22Y81516 信息

（4）再单击左下角的“Create license file”按钮，出现如图 2.16 所示的对话框，将生成的许可证文件同样保存在 C:\Program Files\NationalInstruments\Shared\License Manager\Licenses 文件夹中，文件名可自己随意定，没有要求，如图 2.16 所示。

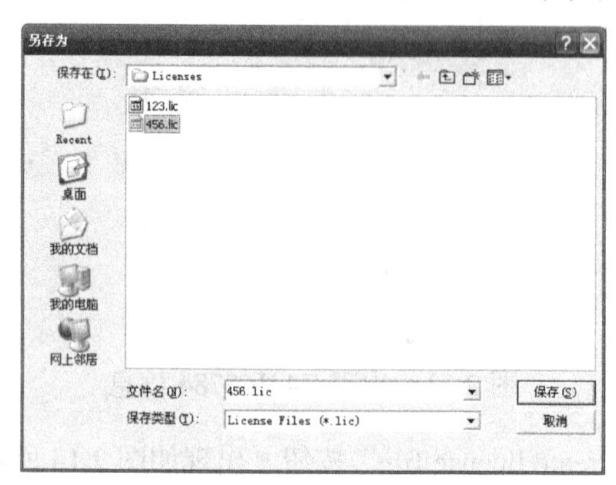


图 2.16　保存文件

**注意**

以上生成的两个许可证文件一定要保存在 C:\ProgramFiles\NationalInstruments\Shared\ License Manager\Licenses 文件夹中

### 3. 安装许可证文件

（1）在“开始”→“程序”中找到“NI License Manager”选项，如图 2.17 所示。

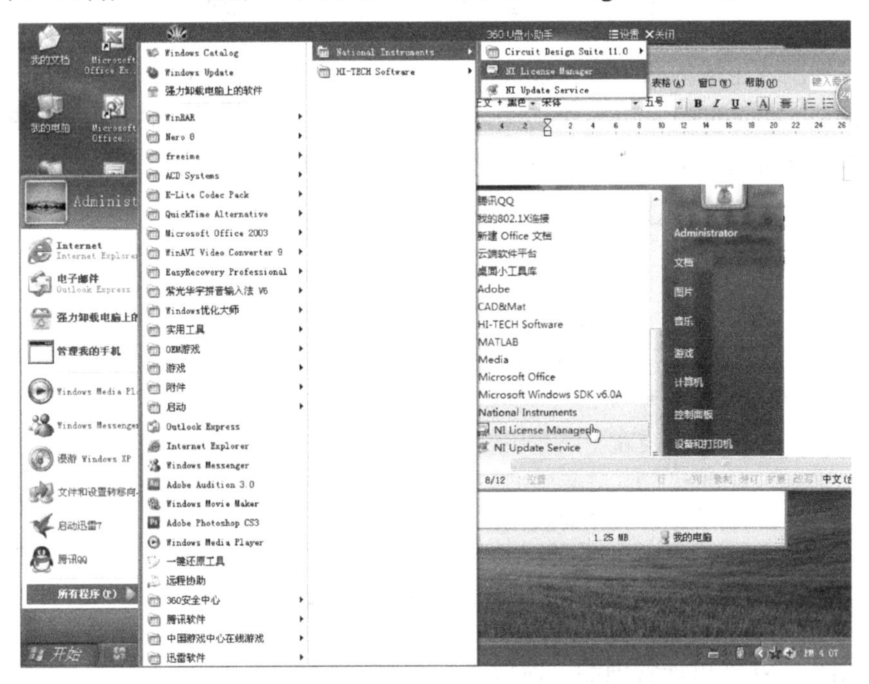

图 2.17 选择“NI License Manager”选项

（2）选择“NI License Manager”选项，出现如图 2.18 所示的窗口。

图 2.18 “NI 许可证管理器”窗口

（3）选择“选项”→“安装许可证文件”选项，如图 2.19 所示。

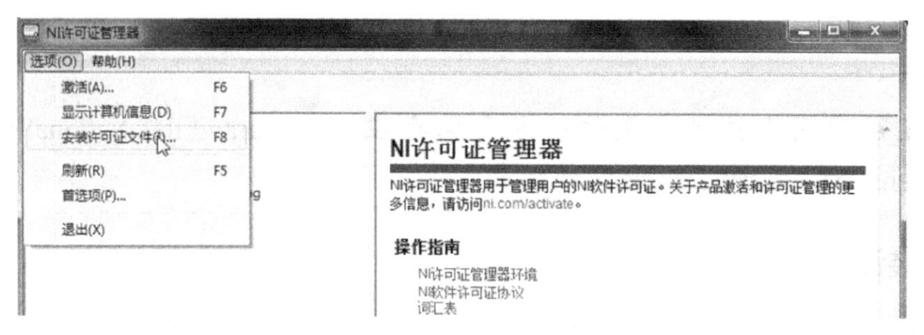


图 2.19　选择“安装许可证文件”选项

（4）找到刚才生成的两个许可证文件（路径在 C:\Program Files\NationalInstruments\Shared\License Manager\Licenses），全部安装（可以一次性全部选中全部安装，里面原来还有几个的全部选中即可），单击“打开”按钮，如图 2.20 所示。

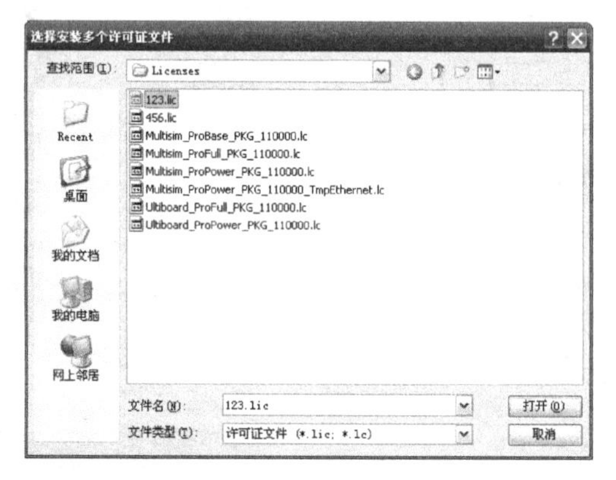


图 2.20　选择安装多个许可证文件

（5）关闭“NI 许可证管理器”窗口。

### 4．汉化 NI Multisim 11 软件

（1）把 folder“汉化”中的 ZH 文件夹复制到 C:\Program Files\National Instruments\Circuit Design Suite 11.0\stringfiles 目录下，如图 2.21 所示。

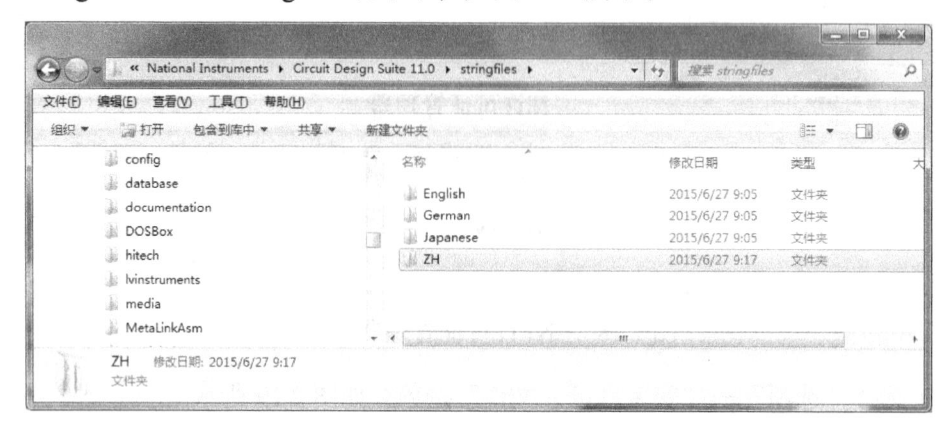


图 2.21　ZH 文件夹

（2）再运行 NI Multisim 11.0，选择“Options”→“Global Preferences”选项，打开 Global Preferences 对话框，单击“General”选项卡中的“Language”下拉列表框按钮，选择所需要的语言，如“ZH”，如图 2.22 所示。

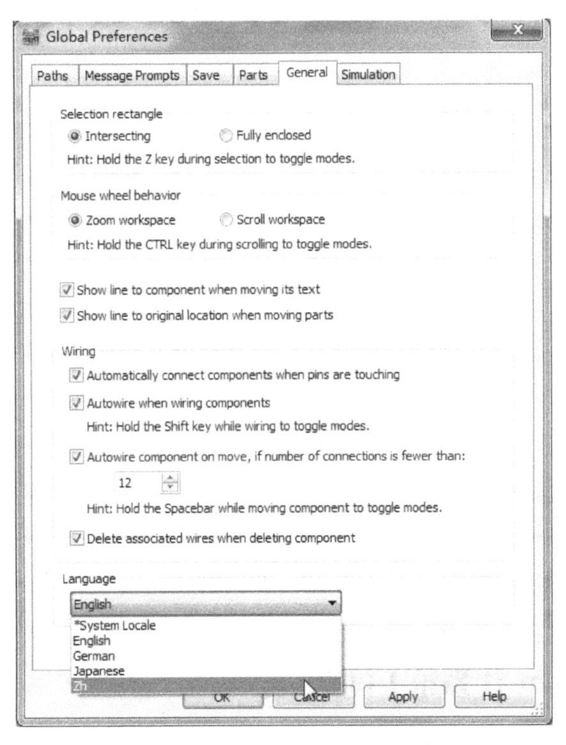


图 2.22 “General”选项卡

## 2.2 NI Multisim 11 软件的基本界面

### 2.2.1 NI Multisim 11 菜单

启动汉化 NI Multisim 11 软件后，可以看到如图 2.23 所示的汉化 NI Multisim 11 软件的主界面。图 2.23 所示的主界面由标题栏、菜单栏、系统工具栏 、设计工具栏、元件工具栏、正在使用的元件清单、电路窗口、仪器工具栏、状态栏等几个部分组成，它模拟了一个实验工作台的环境。

（1）电路窗口：用来绘制电路图及添加测量仪器，就是图 2.23 中间的区域。

（2）元件工具栏：用来选择元件的工具栏，该工具栏的默认位置为上侧，如图 2.23 所示。

（3）仪器工具栏：用来选择仪器的工具栏，该工具栏的默认位置为右侧，如图 2.23 所示。

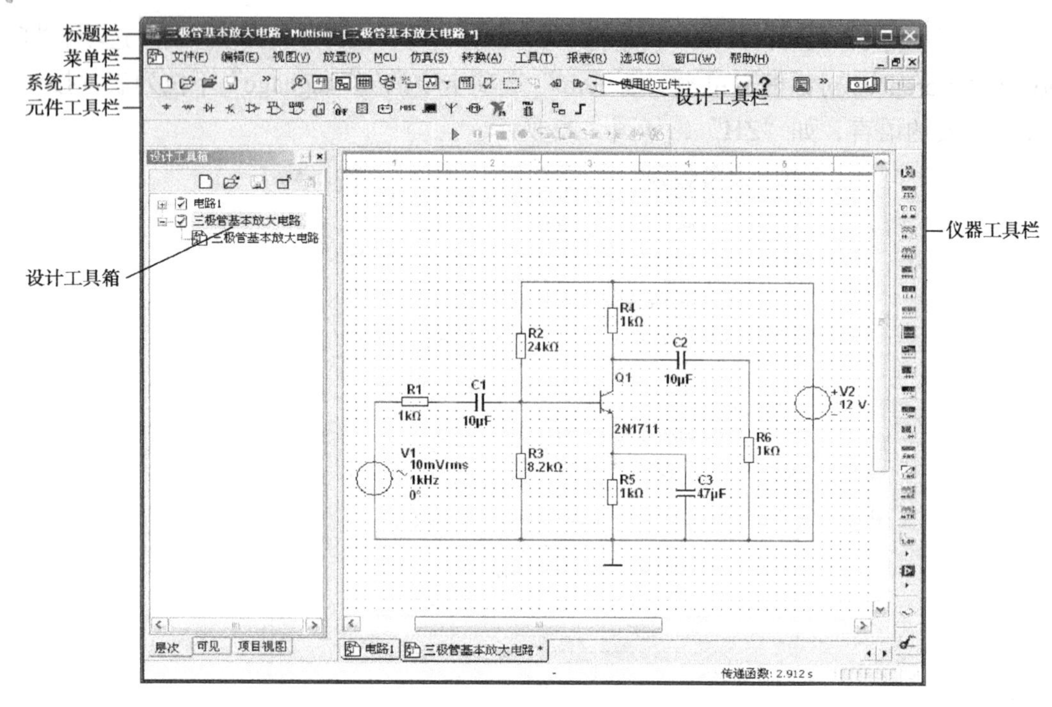


图 2.23　汉化 NI Multisim 11 主界面

## 2.2.2　NI Multisim 11 系统工具栏

图 2.24 所示为 NI Multisim 11 软件的系统工具栏，从图 2.24 中可以看出，其工具栏与其他 Windows 风格的软件是一致的。相关功能的使用方法这里不再说明。

图 2.24　系统工具栏

## 2.2.3　NI Multisim 11 设计工具栏

图 2.25 所示是 NI Multisim 11 的设计工具栏，各按钮的名称及功能如图 2.25 所示。

图 2.25　设计工具栏

### 2.2.4 NI Multisim 11 元器件工具栏

图 2.26 所示是 NI Multisim 11 的元器件工具栏，各按钮的名称及功能如图 2.26 所示。

图 2.26 元器件工具栏

### 2.2.5 NI Multisim 11 仪器工具栏

NI Multisim 11 的仪器工具栏，各按钮的名称及功能如图 2.27 所示。

图 2.27 仪器工具栏

## 2.3 NI Multisim 11 软件的设置

由于不同的用户有不同的使用爱好，用户可以对 NI Multisim 11 的界面风格进行设置，可以打开 / 关闭各种工具栏、设置电路中元件的颜色、图纸的大小、显示的放大比例、自动存盘的时间、元件符号的类型（分为 ANSI 和 DIN 两种，中国的符号标准与 DIN 基本一致）、打印设置等。

工具栏的显示和隐含可以通过“视图”菜单下的“工具栏”选项来选择。

### 2.3.1 电路图显示方式的设置

用户可以在电路图窗口区域内单击鼠标右键，在弹出的快捷菜单中选择“颜色”选项来改变电路中元件、导线、背景的颜色；选择“显示”选项来改变电路中元件的元件标注、元件标号、节点名、元件数值的显示和不显示。图 2.28 为在电路窗口中单击鼠标右键时弹出的快捷菜单。

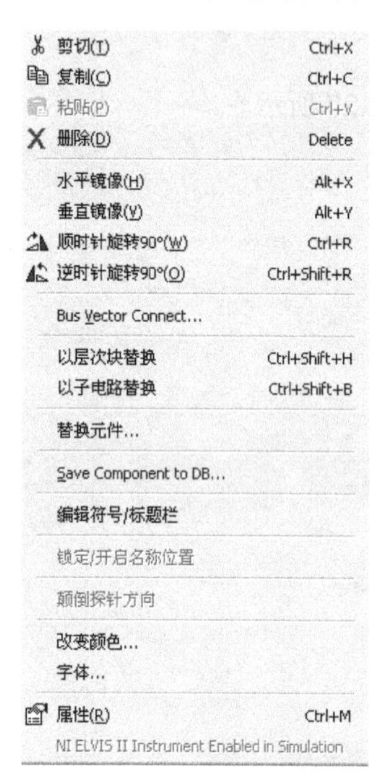


图 2.28 快捷菜单

上述方法只对当前电路有效，要使每一个新建文件都使用同一种设置就需要进行永久设置，这时要通过“选项”菜单下的“用户设置”选项来进行设置。

图 2.29 所示为在“选项”菜单中选择“用户设置”选项时打开的设置对话框，其设置的内容与“显示”和“颜色”两项设置的内容一致。可以通过单击“设置为默认值”按钮将当前的设置保存为默认设置，新建文档时的颜色和显示效果就是自己定义的风格效果。图 2.29 中有两点需加以说明。

（1）标注和标号是两个不同的概念，标注为用户自己定义的元件的标签，两个元件可以标注相同；而标号是计算机用来区分两个元件的一种表示，尽管元件的标号也可以修改，但两个元件的标号不能相同。

（2）在 NI Multisim 11 中元件分为三类，即模型元件、非模型元件、虚拟元件。模型元件通常指不包含二极管和三极管的元件，如电阻、电容、电感、开关等常用器件；非模型元件指二极管、三极管以及内含二极管或三极管等有源元件构成的元件，如模拟集成电路、TTL 集成电路、CMOS 集成电路等；虚拟元件指实际电路中没有的元件，如直流电源、虚拟电阻等，这类元件的参数值可以任意设置，并且在导出到 PCB 设计软件的网络表中不包含该元件。

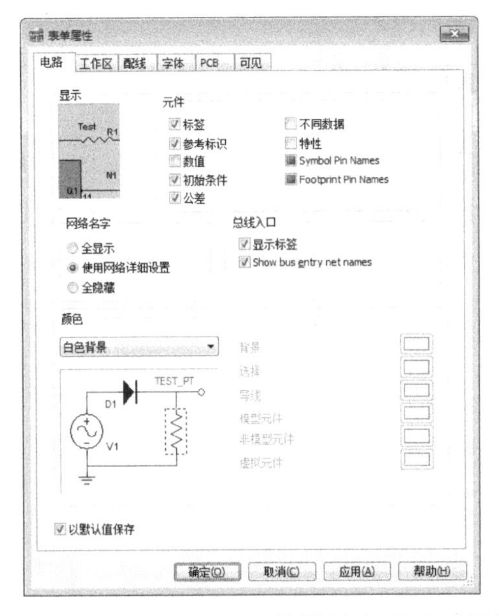


图 2.29　NI Multisim 11 软件的电路显示设置

## 2.3.2　自动存盘功能设置

为了防止因计算机死机、停电等非正常关机引起的数据丢失，NI Multisim 11 提供了自动存盘的功能，用户可以设置是否自动存盘及每隔多少时间进行一次自动存盘。

用户可以在“选项”菜单中选择“首选项”选项，打开“首选项”对话框，选中“保存”选项卡，如图 2.30 所示，在该对话框中进行设置。默认情况下 NI Multisim 11 每 5 分钟自动存盘一次。

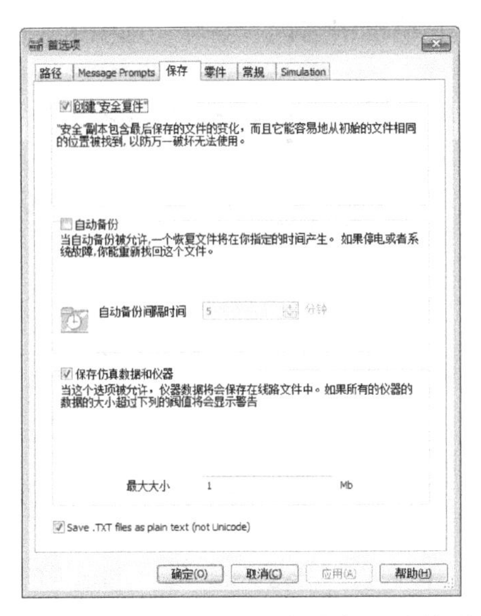


图 2.30　NI Multisim 11 自动存盘功能设置

### 2.3.3 电路窗口显示特性设置

在“表单属性”对话框中，选中“工作区”选项卡，可以对显示电路窗口特性进行设置，改变显示比例的大小、网格及图纸的大小等，如图 2.31 所示。

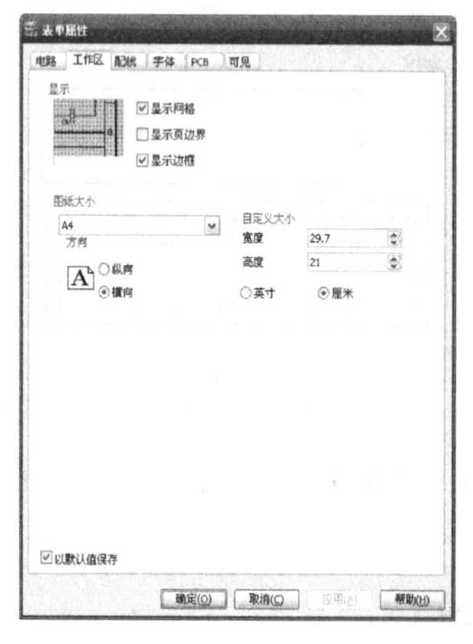


图 2.31　NI Multisim 11 电路窗口显示特性设置

### 2.3.4 元件符号标准设置

元件符号常用的有 DIN（德国标准化协会）标准和 ANSI（美国标准化协会）标准，其中 DIN 符号标准与中国的电路符号标准基本一致。选择“选项”菜单中的“首选项”选项，在打开的“首选项”对话框中选择“零件”选项卡，可以对元件符号标准进行设置，如图 2.32 所示。

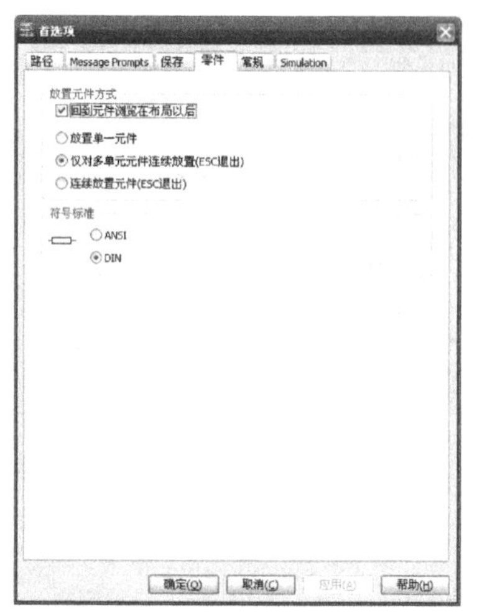


图 2.32　NI Multisim 11 元件符号标准设置

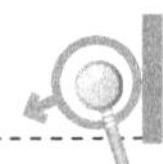

表 2.1 给出了常用元件的 DIN 与 ANSI 符号对照表。

表 2.1　常用元件的 DIN 与 ANSI 符号对照表

| 元件名称 | DIN | ANSI | 元件名称 | DIN | ANSI |
|---|---|---|---|---|---|
| 电阻 | | | 交流电压源 | | |
| 电感 | | | 交流电流源 | | |
| 电容 | | | 运算放大器 | | |
| 二极管 | | | 与门 | & | |
| 三极管 | | | 或门 | ≥1 | |
| 直流电压源 | | | 非门 | 1 | |
| 直流电流源 | | | 异或门 | =1 | |

## 2.3.5　电路打印设置

NI Multisim 11 可以设置电路的打印方式，选择“文件”→“电路打印”→“打印电路设置”选项，可以打开如图 2.33 所示的“打印电路设置”对话框，可以对电路打印参数进行设置。

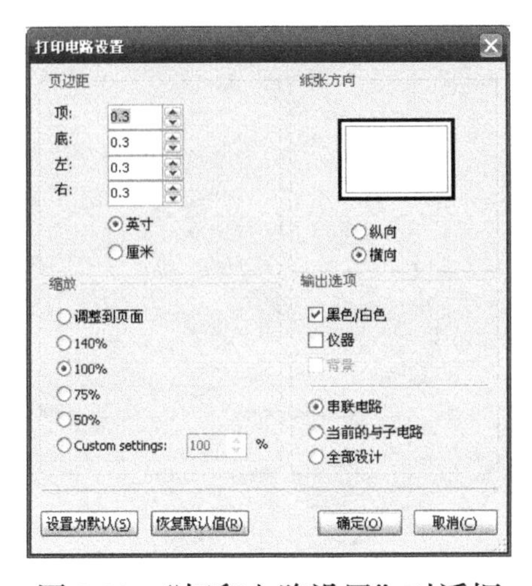


图 2.33　“打印电路设置”对话框

（1）输出为黑白方式。指电路中的彩色打印在黑白打印机上是黑白的还是灰色的，如果选中该项，将在黑白打印机上打印出黑白电路图，否则彩色会转化为灰色进行打印。

（2）输出子电路。选择是否打印子电路，如选中，则打印，否则不打印。

（3）页边距设置。可以设置顶空、底空、左空、右空的距离，其单位可以是英寸和厘米。

（4）输出比例。指打印电路的输出比例大小。为了在一张纸上打印完整的电路图，可以选择“填满整页”选项，它可以根据纸张的大小自动调整比例的大小。

（5）纸张方向。通过选择纸张的方向可以改变打印电路的效果，一般电路图为横向放置。

## 习题

1. NI Multisim 11 中元件可以分为哪几类？其中虚拟元件与其他元件在使用时有什么区别？

2. 如何选择构成电路中元件的符号库标准？中国标准与软件中哪一种标准基本一致？

3. 如何修改当前电路中元件的显示颜色而不影响以后新建的电路效果？如何使用户设置的颜色方案对新建电路有效？

4. NI Multisim 11 软件的公司网址是什么？

5. 怎样减小因停电或死机原因对工作造成的损失？

第3章

# 电子电路原理图绘制

## 3.1 NI Multisim 11 软件的电路元件的选择

### 3.1.1 元件的分类

NI Multisim 11 将基本元件库中的元件分为信号源（Sources）、基础元件（Basic）、二极管（Diodes）、晶体管（Transistors）、模拟集成电路（Analog ICs）、TTL 集成电路、CMOS 集成电路、数字集成电路（Miscellaneous Digital ICs）、混合芯片（Mixed Chips）、指示元件（Indicators）、电源元件、杂合元件（Miscellaneous）、先进的外围设备、射频元件、机电类元件（Electromechanical）、NI 元件和微控制器元件等共 17 大类，将这 17 大类元件在工具栏中用 17 个按钮来表示，如图 3.1 所示。图中给出的是 ANSI 标准和 DIN 标准两种标准符号的工具栏，本书以 DIN 标准为主。

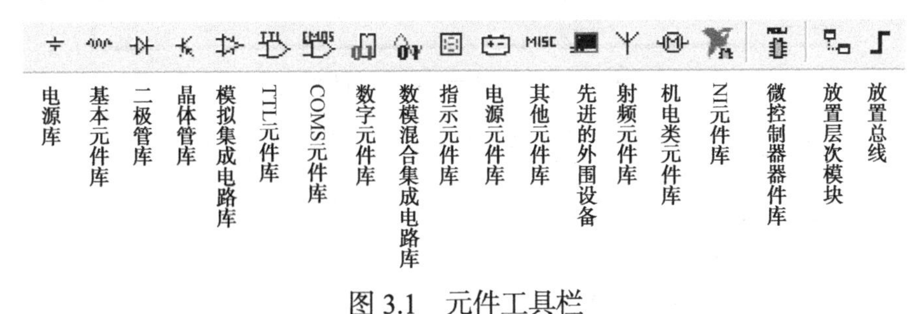


图 3.1　元件工具栏

### 3.1.2 元件的选择

元件的选择一般有 3 种方法：用元件工具栏进行选择；选择“放置”菜单中的“放置元件”选项来选择；通过“正在使用的元件列表”下拉列表框在已经使用的元件中查找。一般使用最多的方法是第一种方法，下面通过二极管的选择过程来说明元件的选择。

图 3.1 所示的元件工具栏中每个按钮对应于一类元件，通过单击相应按钮可以打开相应元件的工具栏，再从相应的工具栏中找到用户需要的元件。对于虚拟元件可以直接选

择元件，而真实的元件需要通过元件数据库来选择具体的元件，图 3.2 给出了二极管的选择过程，其选择步骤如下。

（1）首先单击元件工具栏的二极管 按钮。

（2）在弹出的“选择元件”对话框中选中 DIODE 。

（3）在如图 3.2 所示的“选择元件”对话框中选择需要的具体型号的二极管，单击“确定”按钮即可。

有时用户在选择具体型号的元件时还希望了解该元件的一些技术参数，可以单击该对话框中的“模型”按钮，这时会打开如图 3.3 所示的“模型数据报告”对话框，在“模型”区域中显示出该元件的参数信息。

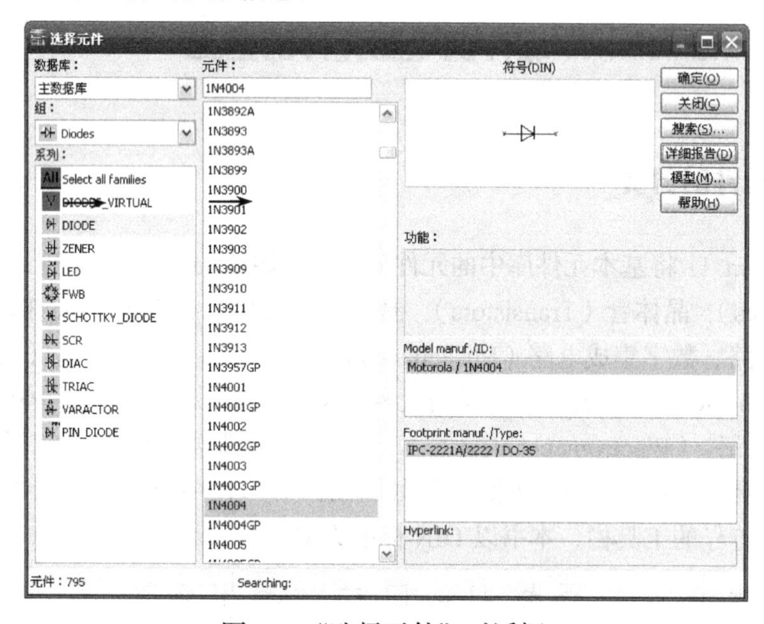


图 3.2 “选择元件”对话框

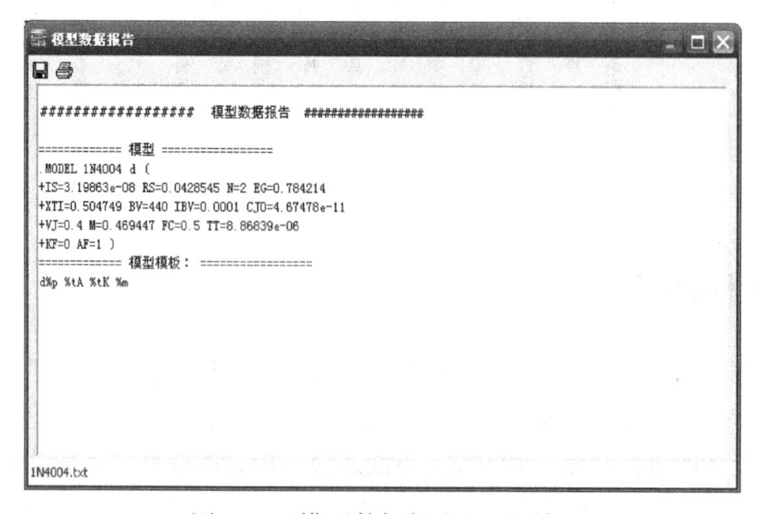


图 3.3 “模型数据报告”对话框

用户在选择元件时可能需要知道 NI Multisim 11 提供了哪些型号的二极管。这时用户可以单击图 3.2 中的“详细报告”按钮，打开如图 3.4 所示的“报告窗口”对话框，列出了 NI Multisim 11 所提供的二极管型号清单。

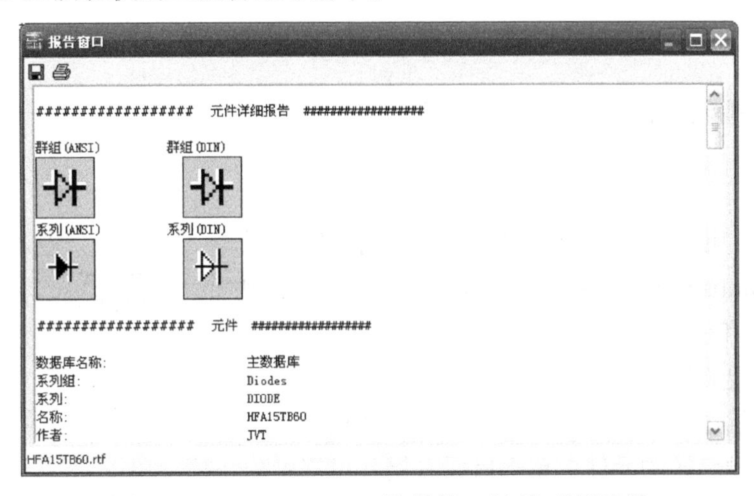


图 3.4　NI Multisim 11 提供的二极管型号清单

**注意**

NI Multisim 11 软件中没有提供国内生产商生产的元件型，如果要对具体的电路进行仿真设计，需要查找相关的元件型对应表等资料。

## 3.2　Multisim 电路元件的放置及调整

### 3.2.1　元件的放置

在选择好具体型的元件后，这时鼠标指针上会有一个具体元件的符号吸附在上面，并随鼠标的移动而移动，如图 3.5 所示。当移动到需要放置该元件的位置单击鼠标，元件就放置在该处。单击鼠标右键可以放弃放置元件。

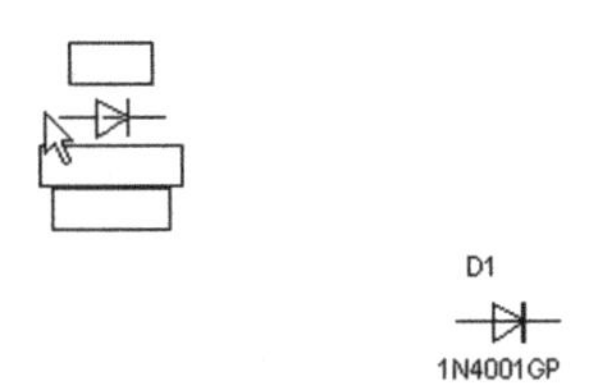


图 3.5　NI Multisim 11 元件的放置

### 3.2.2　元件的位置调整

#### 1. 移动

要移动已经放置在电路中的元件，只需要将鼠标的箭头在需要移动的元件上单击并按住左键拖动，然后移动到需要放置的地方松开鼠标就可以了。

如果需要移动多个元件，先利用鼠标框选（按住鼠标拖动，同时选中多个对象）的方法或通过“编辑”菜单下的“全选”命令选中需要移动的多个元件或全部元件，在某一个元件上按住鼠标左键，在需要放置该元件的位置松开鼠标即可。

**2．删除**

选中需要删除的元件，按 Delete 键即可。

**3．旋转**

在电路中，元件有时需要水平放置，有时又需要垂直放置，NI Multisim 11 提供了垂直镜像、水平镜像、顺时针旋转 90° 和逆时针旋转 90° 共 4 种旋转方式。操作时首先选中需要旋转的元件，再单击“编辑”菜单下相应的命令，当然也可以通过图 3.6 所示的快捷菜单来进行旋转（在需要旋转的元件上单击鼠标右键就可以弹出快捷菜单）。

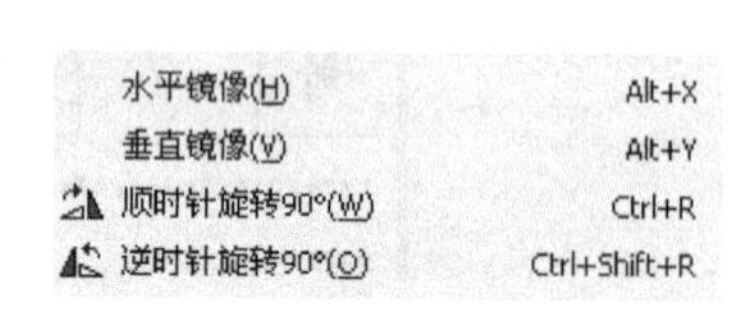


图 3.6　快捷菜单

### 3.2.3　元件的参数修改

**1．虚拟元件的参数修改**

在元件工具栏中选择的元件有时需要对其参数进行修改。对于虚拟元件，只要用鼠标双击需要修改参数的元件，在如图 3.7 所示的对话框中直接修改其参数就可以了。

**2．真实元件的参数修改**

NI Multisim 11 中对真实元件参数的修改，是通过元件替换和编辑模型两种方法进行修改的，这两项修改在如图 3.8 所示的对话框中分别是通过“替换”和“编辑模型”两个按钮实现的。

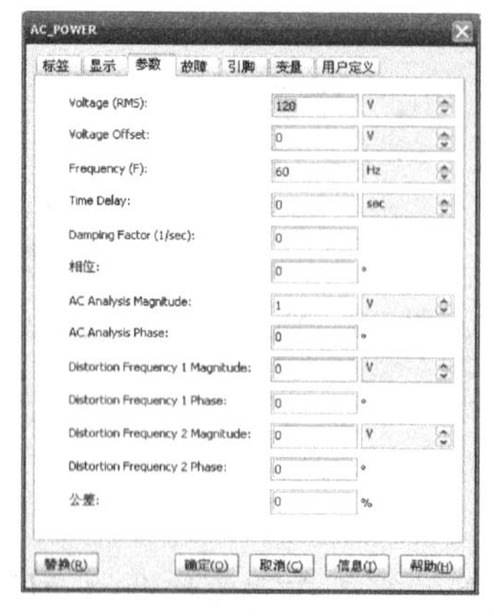


图 3.7　虚拟元件的参数修改

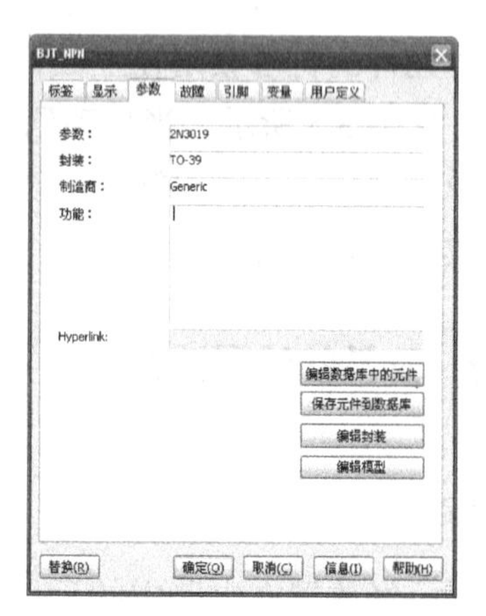


图 3.8　真实元件的参数修改

（1）元件替换

元件的替换与实际在实验室的工作是一致的，在平时实验时如果某个电阻的阻值不合适，通常可以替换一个其他阻值的电阻再进行实验。单击图 3.8 中的“替换”按钮，在弹出的对话框中用户可以选择参数合适的元件。

（2）编辑模型

有些元件的型号是正确的，但其参数不是用户需要的参数（或与实际元件的参数不一致），通过替换元件无法进行仿真与模拟，这时可以通过修改元件的模型参数来实现仿真的要求，在图 3.8 中单击“编辑模型”按钮，弹出如图 3.9 所示的“编辑模型”对话框。

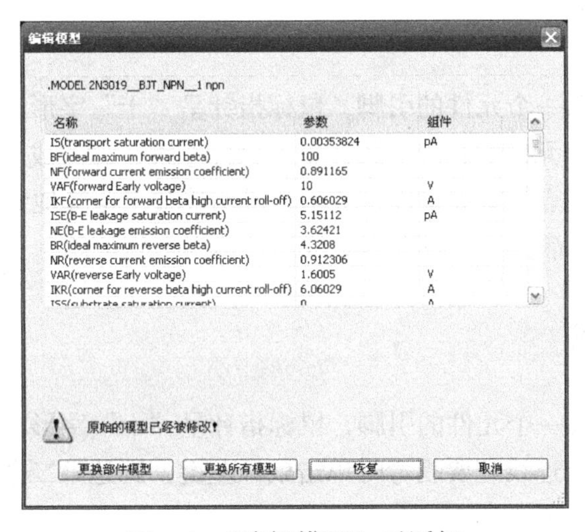


图 3.9 “编辑模型”对话框

当修改参数时，图 3.9 中的“更换部件模型”、“更换所有模型”及“恢复”按钮被激活。单击“更换部件模型”按钮仅修改当前选中元件的参数；单击“更换所有模型”按钮修改电路中与选中的型号一致的所有元件参数；如果不小心将模型参数内容全部删除或希望恢复原来的数据，可以单击“恢复”按钮。

图 3.9 为半导体三极管 2N3019 模型编辑窗口，Bf 参数就是三极管的$\beta$值。

### 3. 元件故障设置

仿真软件可以对正常工作状态下的原理电路进行分析，但有时需要仿真某些元件损坏后的电路情况，这就要求仿真软件具有设置元件故障的功能，NI Multisim 11 具有设置元件开路、短路和漏电故障的功能。通过双击需要设置故障的元件，在弹出的对话框中选择“故障”选项卡就可以设置元件的故障。图 3.10 为三极管故障设置对话框。

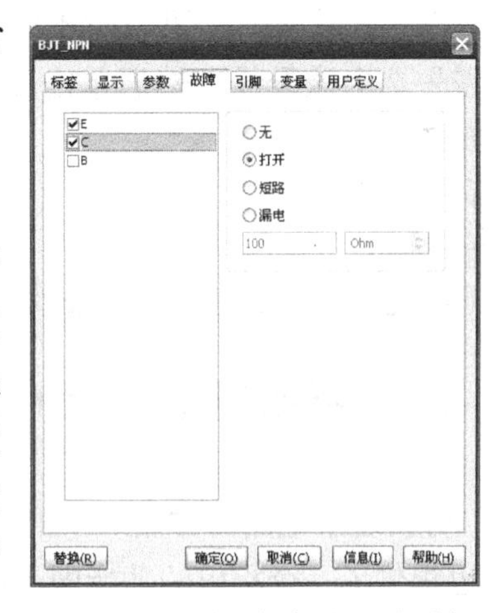


图 3.10 元件故障设置对话框

## 3.3 NI Multisim 11 元件的连线

在电路窗口中放置好元件后，便要使用连线将元件与元件连接起来，每个元件的引脚都是一个连线的连接点，对于这些连接点 NI Multisim 11 提供自动连线和手工连线两种连线方式。自动连线可以避免连线从元件上飞过等，手工连线可以按照人们的走线习惯进行布线。

### 3.3.1 自动连线

将鼠标指针指在第一个元件的引脚，鼠标指针呈“十”字形，单击鼠标左键，然后移动鼠标指针到第二个元件的相应引脚，单击鼠标左键，即完成了自动连线的功能，系统给绘制的线标上连接点号。如果没有成功，说明连接点与其他元件靠得太近。

如果对所画的线不满意，可以选中该线，按 Delete 键删除。

### 3.3.2 手工连线

将鼠标指针指向第一个元件的引脚，鼠标指针呈“十”字形，单击鼠标左键，导线随鼠标移动而移动，当连线需要拐弯时单击鼠标左键，到达第二个元件对应引脚时单击鼠标左键，导线就连好了。

当导线需要从一个元件上跨过时，用户只需移动鼠标指针经过该元件时按 Shift 键就可以了。

### 3.3.3 设置导线的颜色

当导线较多时，可以对不同的导线标上不同的颜色来加以区分。设置导线的颜色只需先选中该导线，然后单击鼠标右键，通过弹出的快捷菜单中的“颜色”选项来设置颜色。

**注意**

改变导线的颜色同时也会改变示波器等测试仪器观察到的波形显示的颜色。

## 3.4 子电路（Subcircuits）

分析复杂电路时常用一个框图将实现某一特殊功能的电路包括在其中，NI Multisim 11 也提供了一个相应的功能即子电路功能。用户可以将一部分电路用子电路的形式加以表示，子电路作为电路的一部分随主电路文件一起存放，打开时也必须在主电路中打开。

### 3.4.1 创建子电路

创建子电路的过程与创建一般电路的过程一致，为了便于子电路与外围电路连接，需要添加输入/输出连接点（Input/Output）。建立子电路的详细过程如下。

（1）首先绘制子电路的电路图。

（2）使用“放置”菜单下的“Connectors”（HB/SC 连接器）命令给子电路的输入/输出端加上输入/输出端口。

（3）用鼠标双击各输入/输出端口，通过图 3.11 所示的对话框对输入/输出端口重新命名（必须是英文字母和数字，不可以使用中文）。

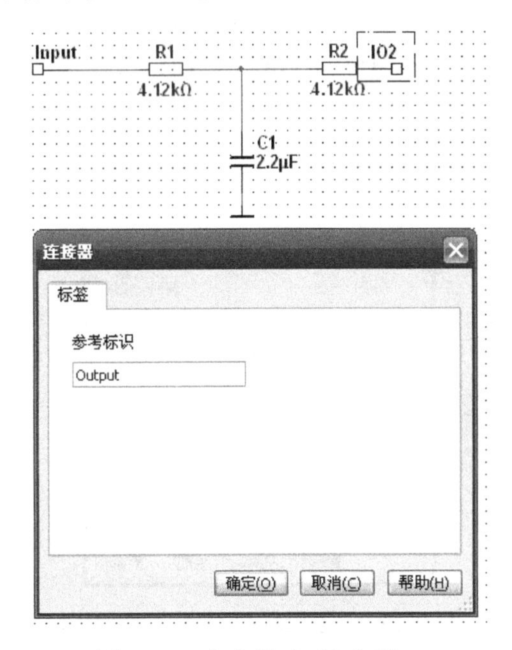


图 3.11　命名输入/输出端口

### 3.4.2 添加子电路

上面说明了子电路的创建过程，将子电路放置在具体电路中的步骤如下：

（1）选中需要作为子电路的电路图，将其复制或剪切到剪贴板上。

（2）在需要使用子电路的文件中使用“放置”菜单下的“以子电路替换”命令，这时程序弹出如图 3.12 所示的“子电路命名”对话框，输入子电路的名称（注意不可以使用中文作为子电路名），单击“确定”按钮。这时与放置元件的方法一样，子电路图案随着鼠标箭头的移动而移动，在需要放置子电路的地方单击鼠标左键就可以将子电路放置下来了。

图 3.12 “子电路命名”对话框

（3）子电路的输入/输出脚可以像正常使用元件一样与其他元件连接。

### 3.4.3 修改子电路

子电路内部电路的编辑：修改子电路的内部电路只需要在子电路上双击，这时弹出如图 3.13 所示的对话框，单击“编辑 HB/SC”按钮就可以进入子电路的修改窗口，修改完毕后关闭窗口就可以完成整个修改。

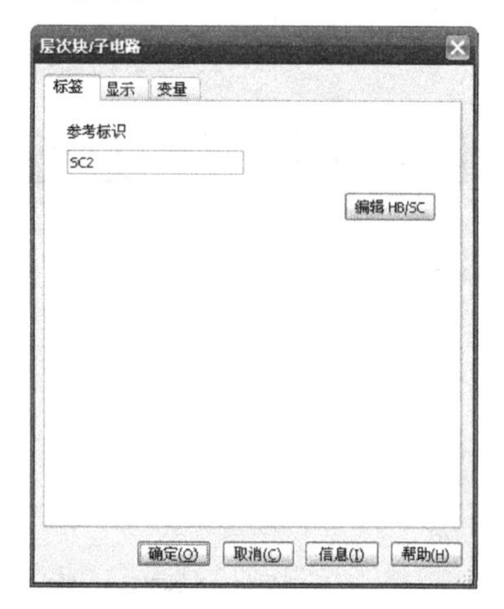


图 3.13 “层次块/子电路”对话框

## 3.5 总线的应用

总线（Bus）通常是一组具有相关性的信号线的总称，如计算机中的控制总线、地址总线和数据总线三大总线。在绘制原理图时如果像绘制普通导线一样绘制总线比较费时，且不美观。通常在原理图绘制软件中将总线用一根粗线来表示，这根粗线并不是一根导线，而是一组导线。

图 3.14 所示为使用了总线的电路，图中的 4511 的 7 根线需要与数码管相连，通过中间的总线就使电路变得更加简捷。

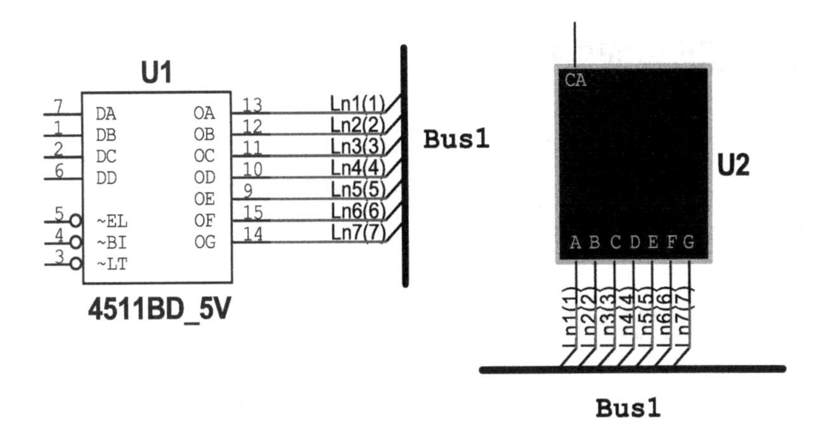


图 3.14　使用了总线的电路

使用总线步骤如下。

（1）放置两根总线 Bus1、Bus2。使用“放置”菜单下的“放置总线”命令，在开始画线的地方单击，移动鼠标指针到需要拐弯的位置再单击，在鼠标指针移动到最后的位置双击，这时一根总线就画好了（在绘制总线时应保证水平或垂直，不要倾斜）。

（2）连接引脚和总线 Bus1、Bus2 的连线。

（3）合并总线。先选中这两条总线并右击，选择“合并总线”选项，在弹出的对话框中从“Keep names from”下拉菜单中选择合并总线的名称，这里选择“Bus1”，如图 3.15 所示。并选中“Manually rename bus lines for merging”单选按钮，这里会弹出一个对话框，单击“OK”按钮即可。最后再合并总线即再一次单击“OK”按钮，即可看到原来两条总线共享一条总线名称，并且导线和引脚的连接关系也一一对应。

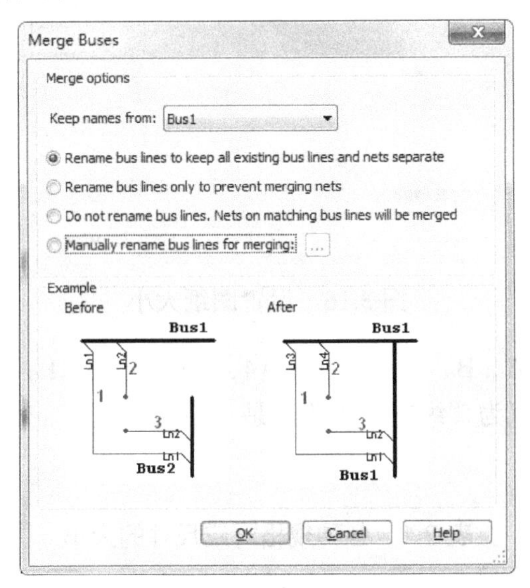


图 3.15　合并总线的设置

## 3.6 原理图的其他要素

前面已经介绍了如何在一张图纸上绘制各种电路图，但是如果电路较复杂时，就会发现图纸无法容纳更多的内容，这时需要更换一张更大的图纸，而且一张完整的图纸还应有一些文字的描述，这就是有关原理图的一些其他要素。

### 3.6.1 原理图图纸的大小设置

打开 NI Multisim 11 界面时，电路图区域就相当于一张图纸，由于电路的复杂程度不一样，这就要求输出时可以设置图纸的大小。设置图纸大小可以通过“选项”菜单中的“Sheet Properties”命令，打开如图 3.16 所示的对话框，选中“工作区”选项卡，然后进行设置。

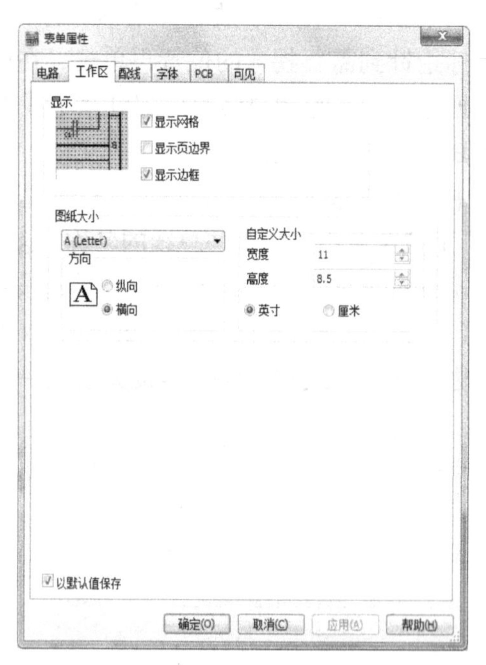


图 3.16　设置图纸大小

图纸大小可以选择 A、B、C、D、E、A4、A3、A2、A1、A0 和自定义几种大小尺寸，另外还可以选择纸张为“纵向”放置还是“横向”放置。表 3.1 给出了各种规格对应尺寸的大小。

表 3.1　各种规格对应尺寸的大小

| 规格代号 | 尺寸规格（英寸） | 尺寸规格（mm） | 规格代号 | 尺寸规格（英寸） | 尺寸规格（mm） |
|---|---|---|---|---|---|
| A | 9.6×7.5 | 243.8×190.5 | A4 | 11.7×8.3 | 297×210 |
| B | 15×9.5 | 381×241.3 | A3 | 16.5×11.7 | 420×297 |

续表

| 规格代号 | 尺寸规格（英寸） | 尺寸规格（mm） | 规格代号 | 尺寸规格（英寸） | 尺寸规格（mm） |
|---|---|---|---|---|---|
| C | 20×15 | 508×381 | A2 | 22.3×15.7 | 566.4×398.8 |
| D | 32×20 | 812.8×508 | A1 | 31.5×22.3 | 800.1×566.4 |
| E | 42×32 | 1066.8×812.8 | A0 | 44.6×31.5 | 1132.8×800.1 |

### 3.6.2 原理图中的文字说明

在原理图中有时需要在某些部位输入一些文字加以描述，用户可以通过执行“放置”菜单下的“文本（I）”命令，这时鼠标指针变为“I”形状，将光标移动到需要输入文字的位置单击，就可以输入文字了。这样输入的文字是一个文本框，对该文本框可以像移动元件一样进行移动，还可以修改其颜色。

### 3.6.3 原理图标题栏设置

图纸标题栏一般在图纸的右下角，用于说明图纸有关信息，如什么图纸、谁设计、什么时候设计等信息。NI Multisim 11 中图纸的标题栏可以在图 3.16 所示的对话框或“视图”菜单中选择是否显示。

（1）通过“放置”菜单下的“Title Block”命令可以打开如图 3.17 所示的“打开”对话框，然后选中相应的模板就可以得到标题栏的个性化设计界面，如图 3.18 所示。

图 3.17 “打开”对话框

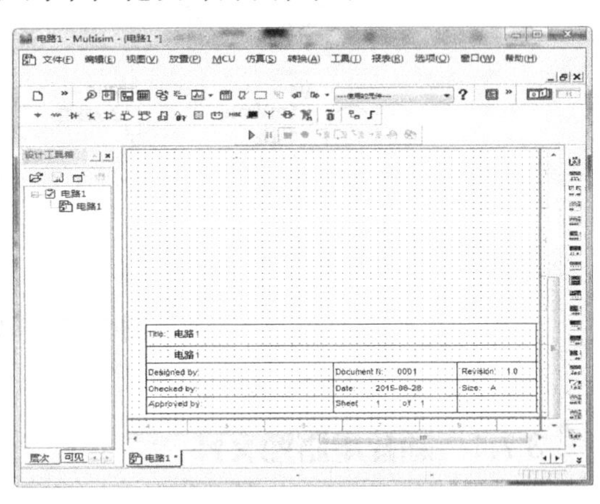


图 3.18 标题栏设置

（2）这时双击标题栏，弹出“标题栏”对话框，输入相应的信息，如图 3.19 所示。

标题栏

标题 电路1

描述

设计 文档号 0001 修改 1.0

核查 日期 &d 大小 A

批准 图纸 &p 共 &P

自定义 1

自定义 2

自定义 3

自定义 4

自定义 5

确定 取消 帮助

图 3.19 “标题栏”对话框

## 3.7 原理图绘制举例

下面以图 3.20 所示的电路为例来说明绘制一个单管放大电路原理图的完整过程。

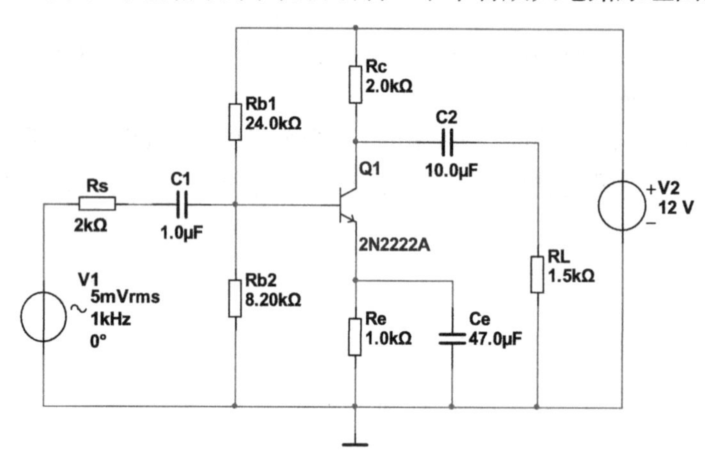


图 3.20 单管放大电路

### 3.7.1 新建电路图文件

新建电路图文件需要做两件事情，首先是新建一个空白的文档，其次是根据电路的大小调整图纸的大小及电路中符号的标准。

#### 1．新建空白文档

新建一个空白的文档可以通过以下 3 种方法来实现。

（1）启动 NI Multisim 11 软件的同时软件会新建一个空白的文档。

（2）在已经打开的 NI Multisim 11 软件中单击系统工具栏中的按钮，这时会提示保存当前文档，然后再新建一个空白文档。

（3）通过执行“文件”菜单下的“新建”命令，其功能同按钮。

**2. 调整图纸大小和符号标准**

（1）通过“选项”菜单下的“Sheet Properties”命令，在打开的对话框中的“工作区”选项卡中选择图纸的大小为 A4。

（2）通过“选项”菜单下的“Global preferences”命令，在“零件”选项卡中选择元件的符号标准为 DIN 标准。

### 3.7.2　放置元件及设置电路参数

绘制电路图的第二步是选择并布局元件，并且根据电路的要求设置各元件的参数。

**1. 放置元件**

根据图 3.20 中元件的种类和参数在相应的工具栏中取出元件，如图 3.21 所示。

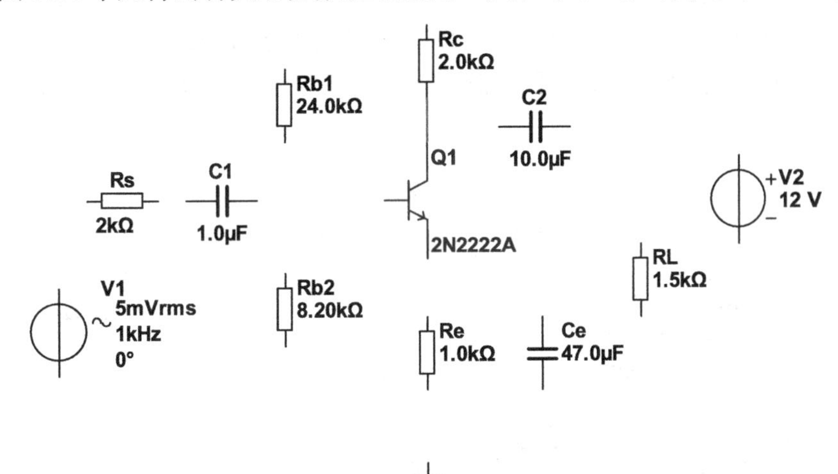


图 3.21　放置元件

**2. 修改元件参数**

（1）修改元件的参数，如电阻、电容等，只要双击该元件即可进行修改相应的参数。

（2）如果要修三极管的放大倍数，只要双击该元件，在弹出的对话框中单击“编辑数据库中的元件”按钮即可进行修改，如图 3.22 所示。例如，本例中的的三极管 2N2222A 的 $\beta$=220，而数据库中的 2N2222A 的 $\beta$=300，这时就需要通过修改元件的参数加以实现，如图 3.23 所示。

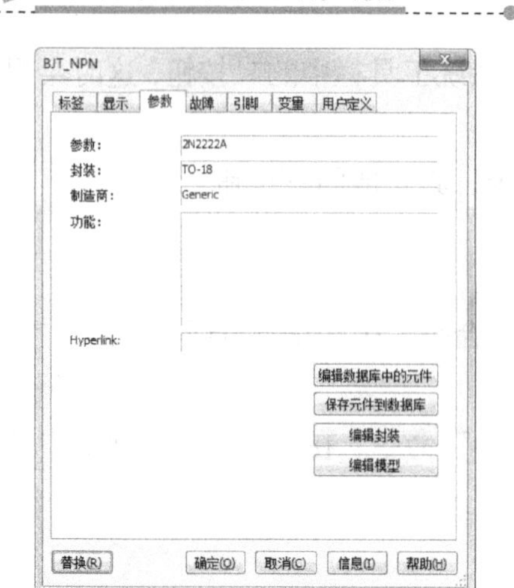

图 3.22　编辑数据库中的元件

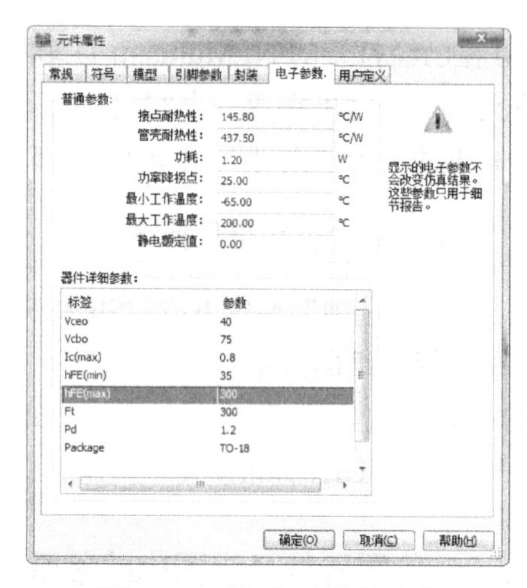

图 3.23　修改元件的参数

### 3.7.3　连接各元件

只要在元件的端点单击，移动鼠标指针到另一个元件需要连接的连接点，单击此连接点后两个元件就连接上了。另外如需要按图 3.20 所示连接该线，则必须在绘制该线时在相应拐点处单击，否则不能得到图 3.20 所示的效果。图 3.24 所示为该线的绘制过程。

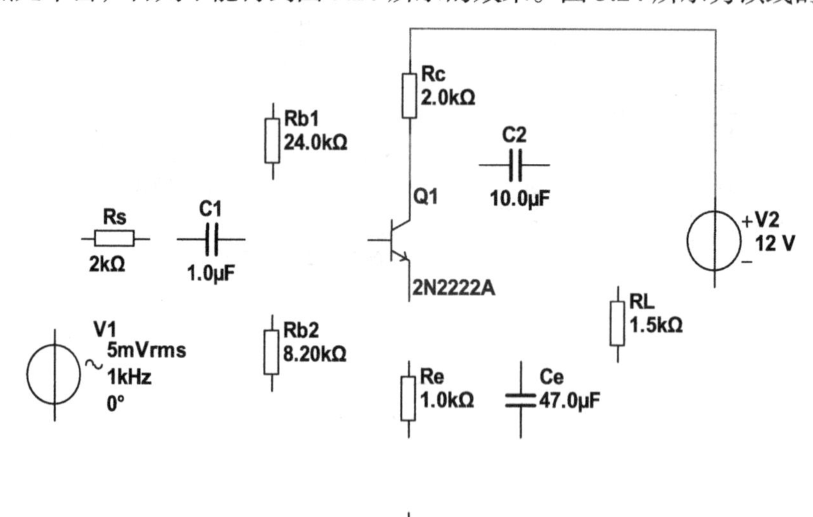


图 3.24　在各拐点处单击

### 3.7.4　编写文字说明

作为一个完整的图纸还需要对所绘图纸的标题栏的各项内容进行填写，本例不做要求。

### 3.7.5 仿真

将上面的图纸绘制完毕后可以通电进行仿真，单击工具栏中开关形状的按钮或通过“仿真”菜单下的“运行”命令就可以观察该电路在通电情况下的工作状态，如果电路元件参数无误、连接正确，可以在电路上用万用表或者示波器测量相关的电压参数和波形。

## 习题

1. 交流电压源的设置值是最大值还是有效值？
2. 虚拟元件参数如何修改？
3. 真实元件如何更改型号？如何改变同一型号各元件的参数？
4. 电路原理图绘制中有几种方法可对电路进行文字的描述或说明？
5. 电路中如何选择电路元件?在绘制过程中如何设置元件的故障？软件提供了哪些故障类型？

第4章

# 虚拟仪器的使用方法

NI Multisim 11 提供了大量的虚拟仪器，用户可以用这些仪器测量自己设计的电路。这些仪器的设置、使用、结果的读取都与在实验室中见到的仪器非常相似。使用这些虚拟仪器是进行测试设计电路最快捷、最方便的仿真方法。

NI Multisim 11 提供了波特图示仪、失真度测试仪、函数信号发生器、逻辑转换仪、逻辑分析仪、数字式万用表、网络分析仪、频率计、字发生器、失真分析仪、双踪示波器、频谱分析仪、功率计、字信号发生器等多种仪器。

## 4.1 仪器的一般介绍

### 4.1.1 仪器的表示方法

在 NI Multisim 11 中，仪器通常有工具栏中的仪器按钮、电路中的仪器图标、观察结果时的仪器面板 3 种表示方法。图 4.1 给出了万用表的 3 种表示情况。

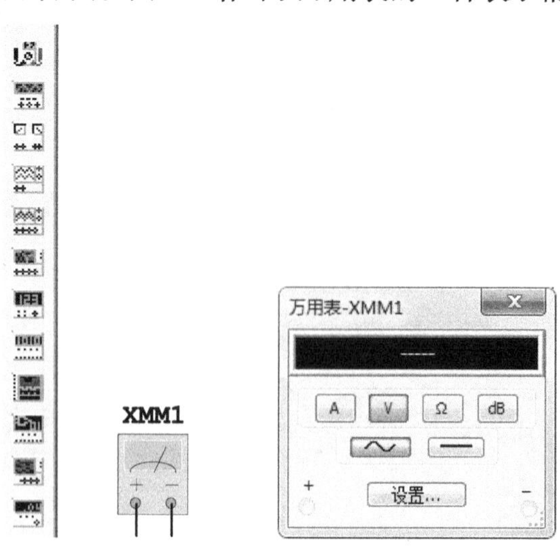


图 4.1 NI Multisim 11 中仪器的 3 种表示情况

图 4.1 中，大的图标是虚拟万用表的面板图，与数字式万用表面板基本一致，在万用

表下面有两个接线柱，在小图标上也可以看出有两个接线柱，这是用来跟电路相连的，相当于实际仪器的引出线。

### 4.1.2 在电路中放置仪器

在电路窗口中放置仪器可以有以下两种方法。

（1）单击图 4.1 所示的工具栏上的对应按钮，然后在需要放置的位置单击鼠标左键即可。

（2）在“仿真”菜单下的“仪器工具栏”命令中选择合适的仪器，然后将它放置到需要的位置。

**注意**

在 NI Multisim 11 软件的同一电路中使用某种仪器的台数和仪器的种类都没有限制。

### 4.1.3 仪器的使用

将电路中的仪器与电路测试点连接好，双击仪器的小图标，这时仪器面板就显示出来（否则图标中无法观察测试结果）。这时测试仪器显示的是上次测试的结果，需要通过下列几种方法才能观察到当前的测试结果。

（1）通过单击设计工具栏中的按钮，这时弹出的对话框中记录仪就可以显示出当前测试结果。

（2）通过仿真开关工具（如没有出现请在“视图”菜单下选择“显示仿真开关”命令）或者按功能键 F5 来实现“执行/停止”和“暂停/继续”仿真，右边为“暂停/继续”按钮，左边为“执行/停止”按钮。

（3）还可以通过“仿真”菜单下的“执行/停止”命令和“暂停/继续”命令来执行/停止和暂停/继续仿真过程。

**注意**

如果电路窗口中没有测试仪器与电路相连，则电路无法进行模拟。

## 4.2 数字式万用表

图 4.2 所示为 NI Multisim 11 提供的万用表图标、面板和设置对话框。图标上有两个接线端用于和被测电路相连。该万用表可以测量交直流电压、电流、电阻及分贝，通过该仪器面板上的相应按钮实现测试功能的切换。

“~”和“–”按钮用来切换交流和直流；“A”、“V”、“Ω”和“dB”按钮分别用来切换电流、电压、电阻和分贝的测量。

图 4.2 中的设置对话框用来对万用表的电参数和显示参数进行设置。电参数设置栏主要是设置测量电压、电流、电阻时仪表的内阻和电流的大小，用来模拟真实万用表的参数，使测量结果与实际测量结果一致。显示设置栏的参数值表示万用表显示的最大值，如果测量结果大于该设置值，则显示错误信息。

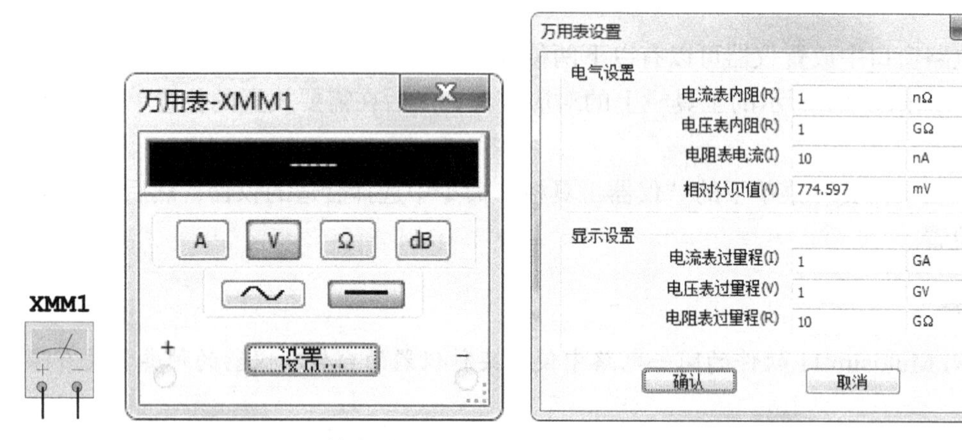


图 4.2 数字式万用表图标、面板图及设置对话框

## 4.2.1 万用表的测量方法

### 1. 电压的测量

要测量两个节点的电压，首先选择万用表面板上的“V”按钮，再将万用表的两个测试端与被测电压的两个被测节点相连，这时就可以测试出两个测试端的电压，图 4.3 所示为万用表与测试电路的连接图。通过选择面板上的“~”和“-”按钮可分别测量交流电压和直流电压。

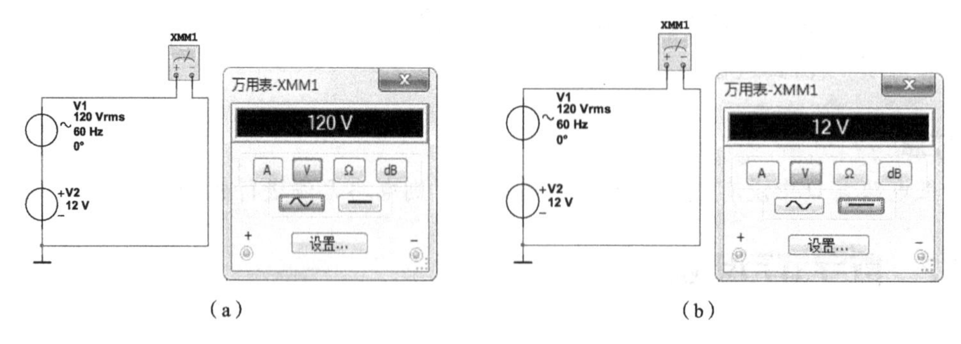


（a） （b）

图 4.3 万用表与测试电路的连接图

图 4.3（a）所示电路中测量的电压为交流电压，尽管电路两端既有直流电压又有交流电压，其测量的结果仅是其交流分量的有效值。

图 4.3（b）所示电路为直流电压的测量，从图上可以看出，其表头指示为 12V，所

示值为直流电压的值，但需要说明的是：在被测量电路中既有直流分量又有交流分量时，交流电压的大小可能影响直流电压的测量，由于图 4.3（a）所示电路中交流信号是一个完整的正弦波，其一个周期的算术平均值为 0，故图 4.3（b）中表头的读数与直流电压电源的电压相等。

图 4.4 所示电路由于加上了一个二极管，这时电压表的表头读数不仅与直流电压电源的电压大小有关，而且与交流电压电源的电压大小有关。

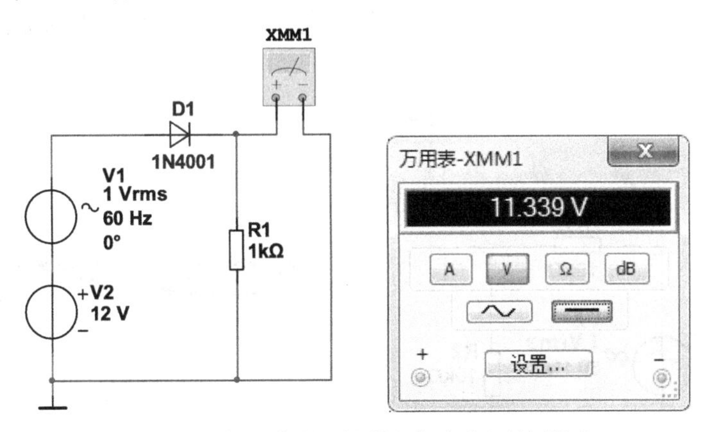


图 4.4　交流分量对测量直流电压的影响

### 2. 电流的测量

测量电路中的电流需要将万用表串接在电路中，并选择万用表中的“A”按钮，根据被测电流是直流还是交流分别选择“－”和“～”按钮。其连接方法如图 4.5 所示。

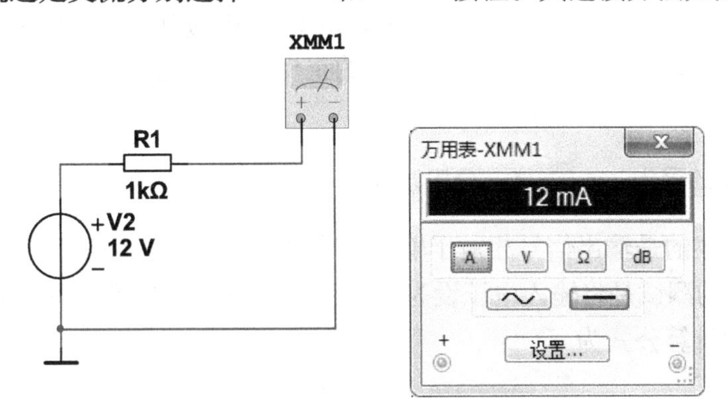


图 4.5　万用表测量电流的连接图

**注意**

万用表的内阻会对测量结果产生影响，NI Multisim 11 默认的电流挡的内阻为 1nΩ，如果需要改变其内阻可以单击图 4.2 所示的“设置”按钮，在弹出的对话框中进行设置。

### 3．电阻的测量

测量某电路的电阻，需要将万用表的两个测试笔与被测电路相连，单击面板中的“Ω”按钮，在万用表的面板上就可以读出测量的电阻值。图 4.6 所示为万用表测量电阻的连接图。

NI Multisim 11 中万用表电阻挡在使用时需要说明如下。

（1）测量电路中不能有直流信号源，也不能有交流信号源，否则无法正确测量。如图 4.6 所示。

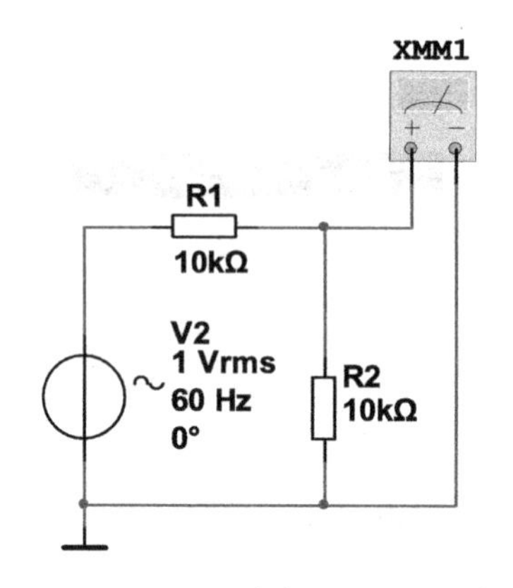

图 4.6　万用表测量电阻连接图

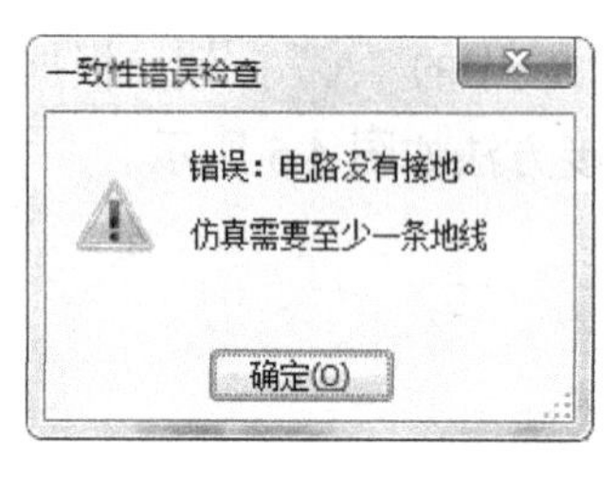


图 4.7　未接地的警告

（2）电路中必须有一个接地点，否则没有办法测出电阻的阻值，图 4.7 所示为当电路没有接地时的警告框。

（3）NI Multisim 11 提供的万用表电阻挡无法通过测量二极管、三极管极间的正反向电阻大小来判断二极管和三极管的好坏。

### 4．分贝测量

分贝测量描述的是输出信号相对于输入信号衰减的情况，测量分贝实际上就是测量电压的值，正确的测试是将输入电压设为 1V，用万用表并联在负载两端就可以测量出其分贝值。其数学计算公式为

$$\mathrm{dB}=20\lg\frac{U_{\mathrm{OUT}}}{U_{\mathrm{IN}}}$$

## 4.2.2　万用表应用举例

### 1．串、并联电路分析

绘制如图 4.8 所示的电路图，从图 4.8 中可以看出，R2 和 R3 是串联的关系，其串联

的电路又与 R1 相并联，利用万用表对电路中的相关参数进行测量如下。

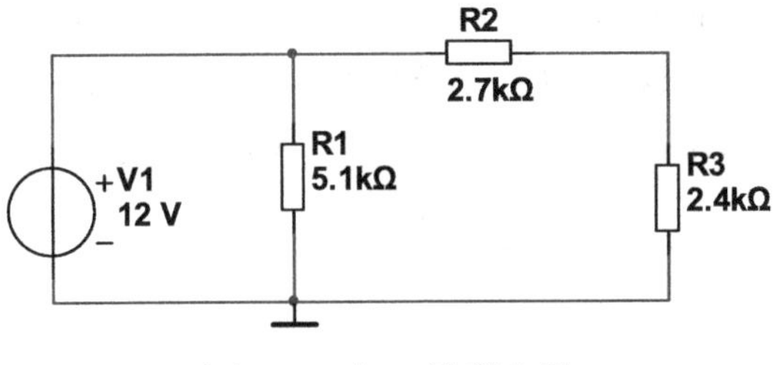


图 4.8　串、并联电路

（1）电阻 R2 和 R3 上的电压为：$U_{R2}$= ______ V，$U_{R3}$= ______ V。

（2）利用电流挡测量流过 R1 的电流，其 $I_{R1}$= ______ A。

同样利用电流挡测量流过 R2、R3 的电流，其 $I_{R2、R3}$= ______ A。

再测量流过直流电压源的电流，其 $I_{V1}$= ______ A。

（3）断开直流电压源，用万用表的欧姆挡测量 R1 两端的电阻值，其 $R_{并}$= ______ Ω。

断开 R1 与 R2 的连接点，测量 R2、R3 构成串联电路的总电阻，其 $R_{串}$= ______ Ω。

**结论**：根据上面的测量结果可以总结出串、并联电路的特点为：______________。

① 串联电路的总电压与各电阻上电压的关系为：__________。

② 并联电路的总电流与各支路电流的关系为：__________。

③ 串联电路的总电阻与各电阻之间的关系为：__________。

④ 并联电路的总电阻与各支路电阻的关系为：__________。

## 2．验证戴维南定理

戴维南（Thevenin）定理：一个具有直流源的线性电路，不管它如何复杂，都可以用一个电压源 $U_{TH}$ 与电阻 $R_{TH}$ 串联的简单电路来代替，就它们的端点性能而言，两者是相同的。

下面通过具体的实验加以验证，图 4.9 所示为其实验电路。

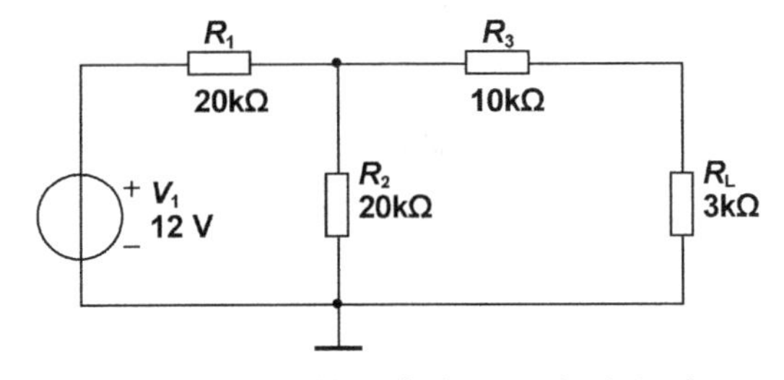


图 4.9　验证戴维南定理的实验电路

（1）使用万用表测量图 4.9 所示的电路中的负载电阻 $R_L$ 上的电压 $U_{RL}$ 和流过 $R_L$ 上的电流 $I_{RL}$，其测量结果为：$U_{RL}$= ______ V；$I_{RL}$= ______ A。

（2）在图 4.9 所示的电路中断开负载 $R_L$，用电压挡测量原来 $R_L$ 两端的电压，将该电压命名为 $U_{TH}$，其电压值为 $U_{TH}$= ______ V。

（3）继续上述步骤，将直流电压源 $V_1$ 用导线替换掉（将 $V_1$ 短路），用万用表的欧姆挡测量原 $R_L$ 两端的电阻，将其命名为 $R_{TH}$，其 $R_{TH}$= ______ Ω。

（4）将 $U_{TH}$、$R_{TH}$ 值代入图 4.10 所示的电路，测量负载电阻 $R_L$ 两端的电压 $U_{RL}$ 和流过其上的电流 $I_{RL}$，其测量结果为：$U_{RL}$= ______ V；$I_{RL}$= ______ A。

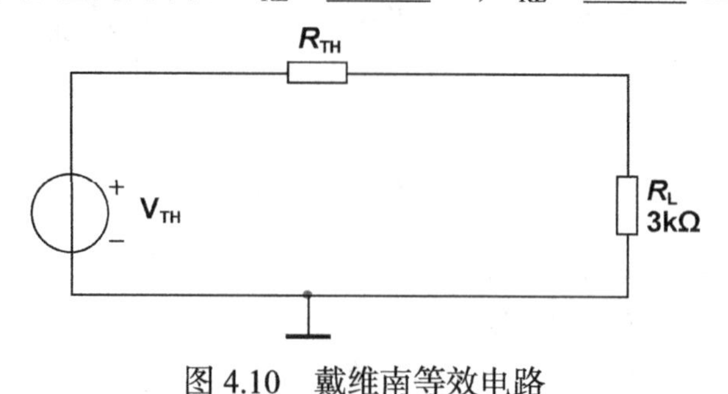


图 4.10　戴维南等效电路

从上面的实验可以看出，其步骤（1）和（4）中测量的两组数字是一致的，从而验证了戴维南定理的正确性。

## 4.3　函数信号发生器（Function Generator）

NI Multisim 11 提供了一个可输出正弦波、方波、三角波的函数信号发生器。其输出波形的频率、幅度、直流成分、占空比（对三角波、方波）以及方波信号的上升/下降沿皆可方便地调节，而且在进行电路模拟时可以进行调节，直接观察输出的变化（电路模拟时信号源元件中的正弦信号源、方波信号源在调节后须重新进行模拟），这些波形信号的输出频率范围很宽，可以从音频到射频范围。

图 4.11 所示为 NI Multisim 11 中函数信号发生器的图标及面板图，从图中可以看出其有 3 个输出端："+"、"公共"、"–"。通常它与电路的连接有两种方式：单极性连接方式和双极性连接方式（如与差分直流放大器相连）。

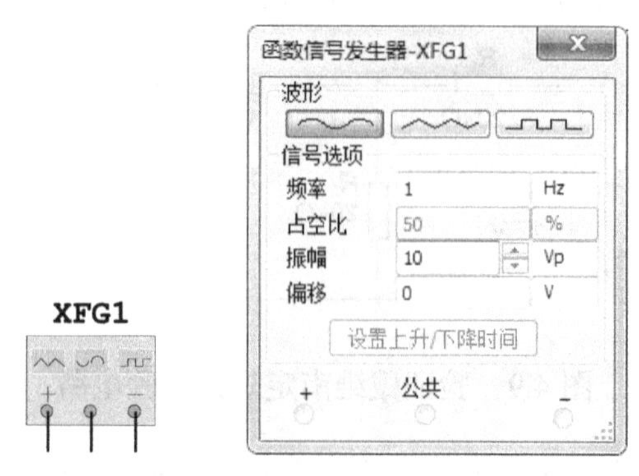


图 4.11　函数信号发生器图标及面板图

（1）单极性连接方式。单极性连接方式是将"公共"端与接地端相连，"+"端或"–"端与电路的输入相连。这种方式一般用于跟普通电路相连。

（2）双极性连接（差分连接）方式。双极性连接方式是将“+”端与电路的输入中的“+”端相连，而将“–”端与电路的输入中的“–”端相连。这种方式一般用于信号源与差分输入的电路相连，如差分放大器、运算放大器电路等。

表 4.1 给出了函数信号发生器的输出参数范围。

表 4.1　函数信号发生器的输出参数范围

| 参数 | 单位 | 最小值 | 最大值 | 备　注 |
| --- | --- | --- | --- | --- |
| 频率 | Hz | 1 | $999\times10^6$ | |
| 占空比 | % | 1 | 99 | 方波和三角波时使用 |
| 振幅 | V | 0 | $999k\times10^3$ | “+”端或“–”端对地的峰值电压，“+”端对“–”端振幅值是该幅度的两倍 |
| 直流偏移 | V | $-999k\times10^3$ | $999k\times10^3$ | 指交流输出中含有的直流电压 |

## 4.4　双踪示波器

示波器是观察波形的理想工具，NI Multisim 11 提供了数字式存储示波器，借助它用户可以看到通常在实验室无法看到的瞬间变化的波形。图 4.12 所示为示波器的图标及面板图，从面板图上可以看出其与实验室的仪器基本一致，仅仅是将普通示波器的旋钮改为数值框，用户可以直接输入数字或用鼠标来进行调节。

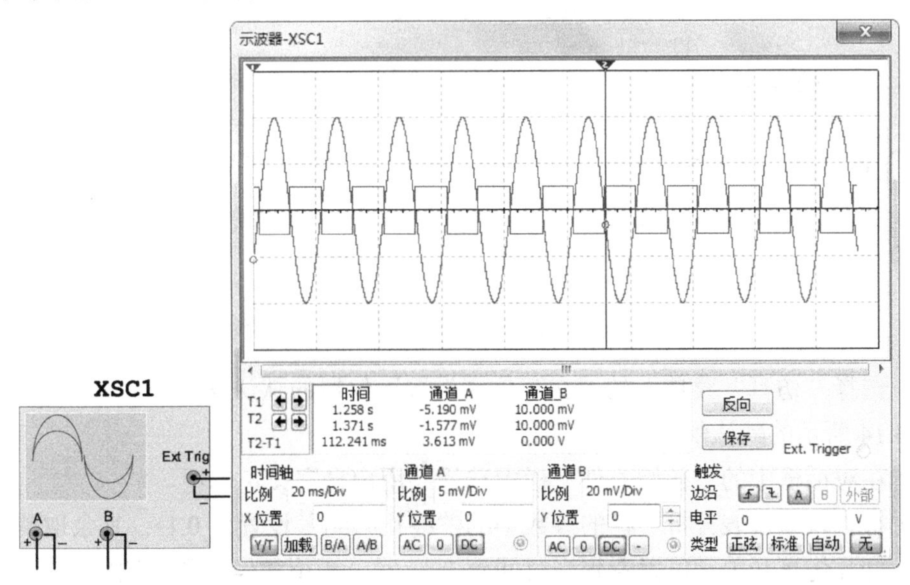


图 4.12　示波器图标及面板图

图 4.12 中示波器的波形显示区有两个游标，通过鼠标可以左右移动游标，在波形显示窗口下面有 3 个数值显示窗口，分别显示两个游标与波形交叉点的时间刻度及幅度大小和两个交叉点的时间间隔及幅度差值。示波器的一般使用方法与普通示波器没有大的

区别，下面通过例子说明其特殊的使用方法。

### 4.4.1　使用示波器测量电容的充电特性

NI Multisim 11 中的虚拟示波器是一种数字式存储示波器，它不仅可以观察连续性周期性信号，而且可以观察非周期性信号或瞬间信号。电容充电过程是一个一次性的瞬间过程，用普通示波器比较难以测量其充电过程，借助于 NI Multisim 11 提供的虚拟示波器可以方便地进行观察，下面说明其测量的步骤。

（1）按照图 4.13 绘制电路图，并给电路中添加示波器。

（2）打开模拟开关，这时示波器上显示出充电的波形，当显示一屏后单击“暂停”按钮（相当于在 0s 时刻开关合上，0.1s 时开关自动断开）。

（3）调整 $Y$ 的衰减和 $X$ 的时基值及时间轴的左右滚动条，使显示器的波形显示到合适的大小，这时就可以显示出一个完好的电容充电的过程。

上述步骤中为了使显示的波形暂停而使用了“暂停”按钮，如果已经知道需要观察波形的时间，可以预先将示波器的测试时间设置好，当测试时间到了，其示波器就停止测试了，其设置步骤如下。

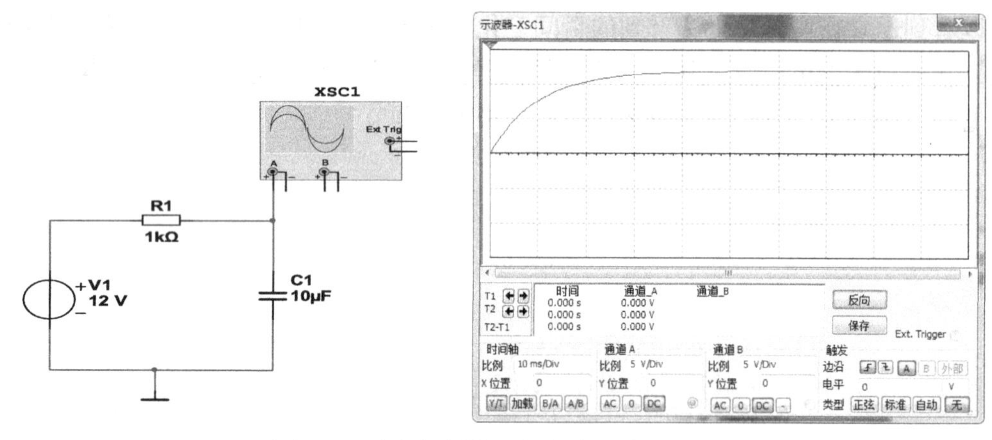


图 4.13　用示波器观察电容的充电过程

（1）选择“仿真”菜单下的“交互仿真设置”仪器的默认参数”命令，窗口中会弹出如图 4.14 所示的默认仪器设置对话框。

（2）在对话框中的“初始条件”栏中选择“用户自定义”选项。

（3）将“仪器仪表分析”栏的参数中的“终止时间”设置为 0.1s，其余取消选中。

（4）打开仿真开关，可以看到当时间到 0.1s 时，模拟就停止了，调整示波器的水平及垂直刻度的比例，这时屏幕上可以显示如图 4.13 所示的波形。

图 4.14　默认仪器设置对话框

### 4.4.2　两路非整数倍频率信号波形的观察

使用普通示波器在观察频率不成整数倍的两路信号时，示波器只能保持一路信号能够稳定显示，另外一路会左右移动无法稳定，NI Multisim 11 提供的示波器为一个双踪存储示波器，故其可以观察两路频率不成整数倍的信号波形，图 4.15 所示为两路频率不等的信号波形。

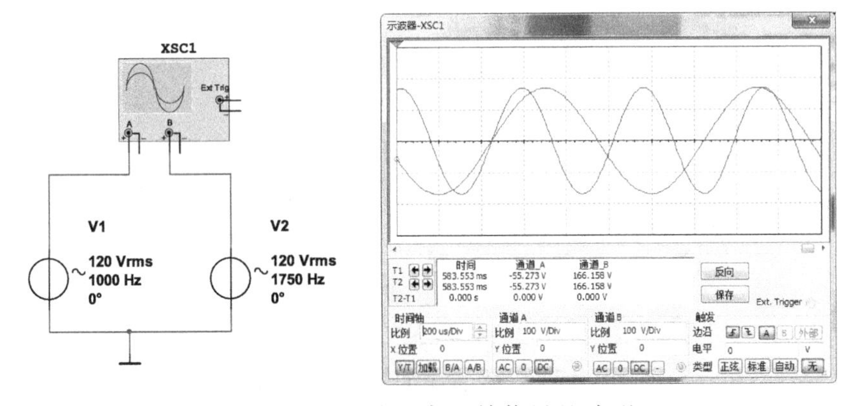


图 4.15　两路频率不等信号的波形

观察两路非整数倍频率的波形没有什么特殊的步骤，只要将两路波形信号输入到示波器中，调整其时基大小，使波形显示出合适的周期数就可以了。

### 4.4.3　示波器应用举例

#### 1. 二极管的单向导电性能观察

图 4.16 所示为二极管单向导电特性的观察电路，图中交流信号源输出一双极性的正

弦波，由于二极管具有单向导电特性，故 R1 在输入正弦波的负半周时没有输出电压。

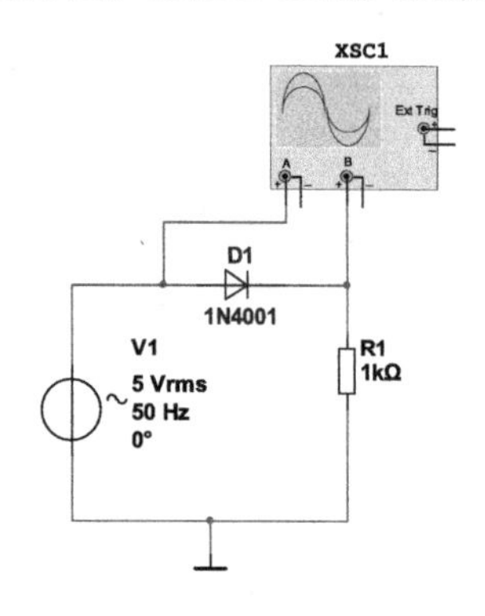


图 4.16　单向导电特性观察电路

图 4.17 为输入电压为 5V（最大值）时的输入与电阻两端的电压波形，从图中可以看出，当输入在正半周时输出有电压，通过游标可以看出，输入最大时输出为 4.4V（与输入端相差 0.6V）；而输入在负半周时输出没有电压，从图 4.17 中可以观察到二极管的单向导电特性。

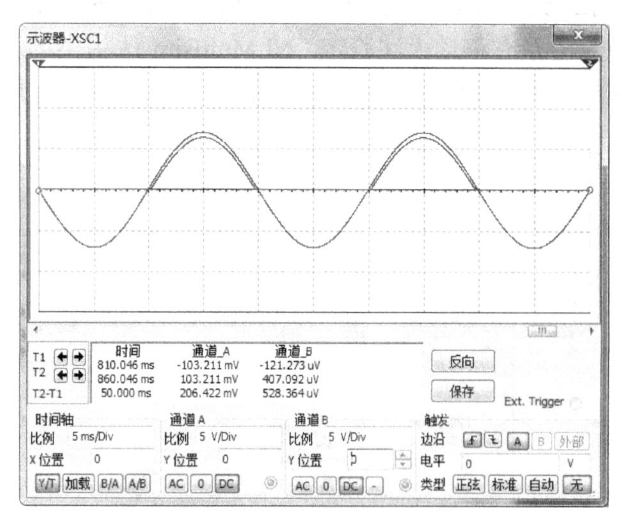


图 4.17　二极管单向导电特性曲线

用户可以通过如下步骤进一步观察二极管的特性。

（1）分别将交流信号源的输出幅值调到 50V、100V、200V，观察输出波形的变化。

（2）将二极管用 LED 二极管代替，继续观察其输入及输出波形。

### 2．单管放大器测量

图 4.18 为阻容耦合单管放大电路，其基极偏置电阻上使用了一个可变电阻（电位器），通过它可以改变晶体管的工作点。通过下列过程可以加深对单管放大器工作状态的理解。

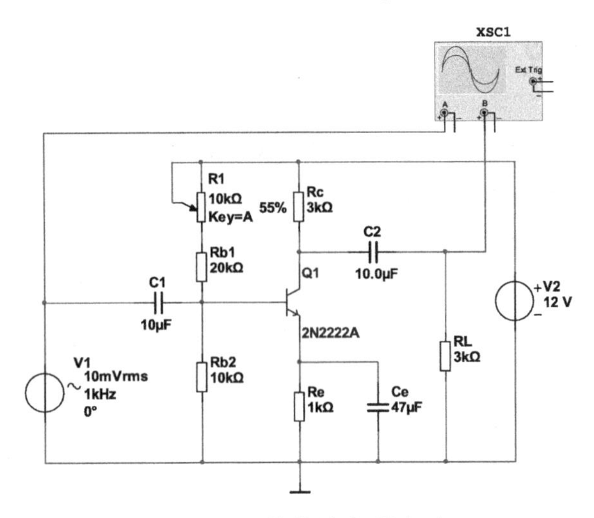


图 4.18 单管放大器电路

（1）通过按动电位器的热键 A 或 Shift+A 来改变电位器的大小，分别测量电位器为 0、50%、100%这 3 种情况下发射极直流电压、输出交流电压的大小及波形的失真情况，如有失真，请说明为何种失真。

（2）去掉发射极电容 Ce，重新测量电位器为 0、50%、100%这 3 种情况下的发射极直流电压、输出交流电压的大小及波形的失真情况，如有失真，请说明为何种失真。

（3）修改晶体管的 Bf 值（即$\beta$ 值）为 100，重复上面步骤，观察结果有何不同。

## 4.5 功率计

功率计是用来测量负载消耗功率或电源提供功率的仪器，计算被测量单元的电流与施加在该单元两端的电压之积，即 $P=UI$。功率计与电路相连接时，是将两个电压端子与被测元件并接，两个电流端子串接到电路中。

图 4.19 所示为功率计的图标及面板图，从面板图上可以看到其不仅可以显示功率，还可以显示功率因子，功率计用于带感性、容性负载的交流电路，直流电路及纯电阻负载的交流电路的功率因子为 1。

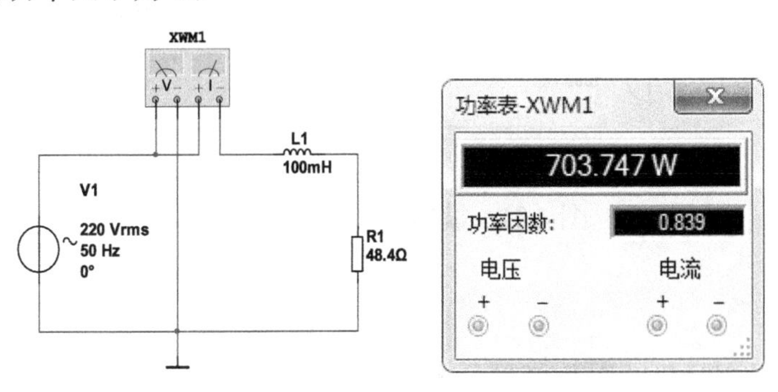


图 4.19 功率计图标及面板图

# 4.6 波特图示仪

波特图示仪是一种以图形方法显示电路或网络频率响应的仪器，与实验室中的频率特性测试仪（通常称为扫频仪）相似，可以测试电路的幅频特性曲线和相频特性曲线。图 4.20 所示为波特图示仪的图标及面板图。

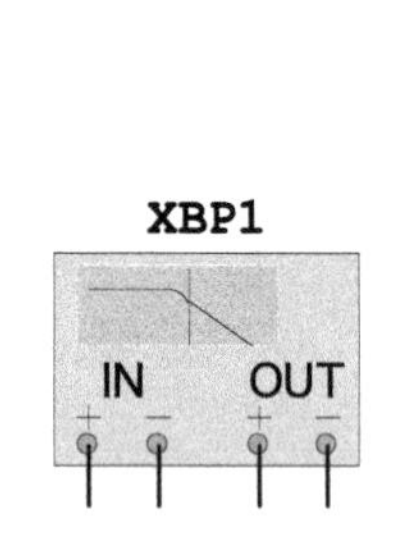


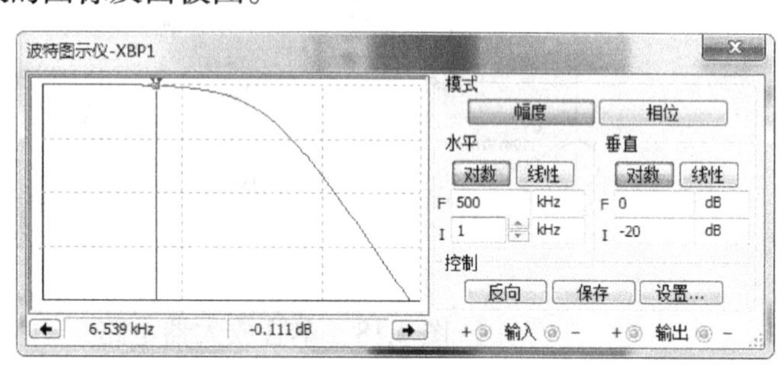


图 4.20　波特图示仪的图标及面板图

## 4.6.1 波特图示仪的连接方法

图 4.21 所示为波特图示仪与电路的连接方法，从图上可以看出：图示仪的“IN”（输入）是与电路的输入端相连的，其“+”极与电路输入“+”极相连，其“-”极与模拟地相连（其“-”端相当于扫频仪的公共端或接地端）；“OUT”（输出）的“+”极与电路的输出“+”极相连，由于“IN”的“-”极与“OUT”的“-”极内部是相连的，故“OUT”的“-”极可以悬空不接（也可以将“OUT”的“-”极接地，而“IN”的“-”极悬空）。

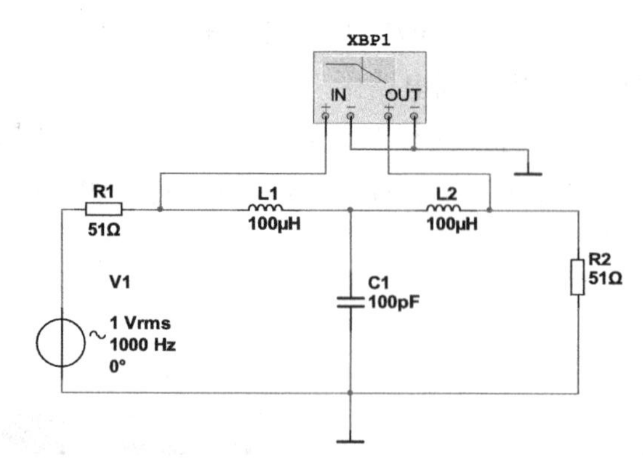


图 4.21　波特图示仪的连接图

**注意**

利用频率特性测试仪（即扫频仪）测试电路时，电路不可以外加输入信号，由频率特性测试仪给电路施加一个扫频信号，但波特图示仪在测量时必须在输入端外加一个交

流电压源的激励信号，至于其幅度和频率则没有限制。

### 4.6.2 波特图示仪的设置

#### 1．相频特性与幅频特性

波特图示仪可以测量电路的幅频特性曲线和相频特性曲线，这两种测量的电路连接方式相同，仅在仪器上通过图中的“幅度”和“相位”两个按钮来切换。

#### 2．设置 X、Y 轴坐标

如图 4.22 所示，在“垂直线”栏中选择“对数”和“线性”来切换垂直坐标线是以对数刻度还是以线性刻度（相频特性时仅用线性刻度）来表示，通过 F（坐标终点值）、I（坐标起点值）来定义测试结果的显示范围。

在“水平线”栏中选择“对数”和“线性”来切换水平坐标线是以对数刻度还是以线性刻度来表示，通过 F、I 及右边的选择框的频率单位来定义测试结果的显示范围。

表 4.2 给出了波特图示仪在进行测试时的参数范围。

表 4.2 波特图示仪的参数调节范围

| 无 | 刻度方法 | 最小的起始值 | 最大的终点值 |
|---|---|---|---|
| 幅频特性 | 对数刻度 | –200dB | 200dB |
| 幅频特性 | 线性刻度 | 0 | 10e+09 |
| 相频特性 | 线性刻度 | –720° | 720° |

### 4.6.3 测试结果的观察

打开模拟功能，这时图示仪的显示窗口中将会显示出幅频特性曲线或相频特性曲线，合理设置坐标范围，这时就可以得到所需要的特性曲线。通常通过特性曲线来了解被测电路的频带宽度、某一频率时的增益和相位的大小，NI Multisim 11 的波特图示仪提供了一个游标（Cursor）功能，通过这个游标可以读出需要的数值。

图 4.22 给出了测试结果的面板图，通过下面两种方法可以移动游标来读取需要的数据。

（1）鼠标放在游标上左右拖动，可以移动游标。

（2）通过单击面板上的左、右箭头按钮可以移动游标。

图 4.22 中游标与特性曲线的交叉位置是：频率为 42.759kHz，增益为–3.239dB；所以其频带宽度约为 42.759kHz。

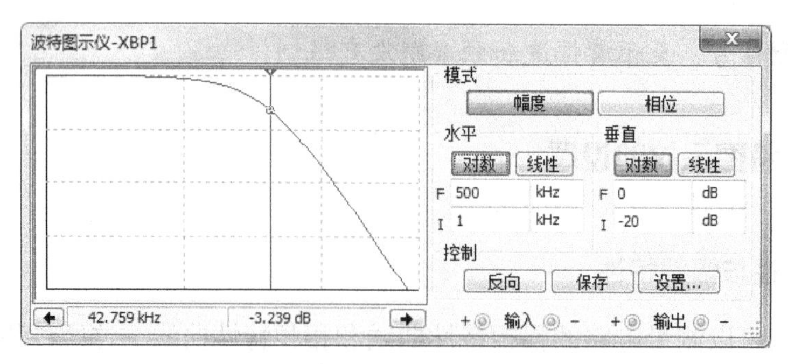


图 4.22　波特图示仪参数的读取

### 4.6.4　波特图示仪应用举例

在 4.4.3 节中已经对单管阻容放大器进行了时域的分析，观察了电路参数对工作状态的影响、电路参数对输出波形及放大倍数的影响，下面同样对图 4.18 所示的电路进行分析。

（1）同样改变电位器的中心抽头的位置，观察频率特性曲线的变化。

（2）在电容 Ce 分别为开路、10nF、10μF、100μF 4 种情况下，测量电路的频率特性曲线。

根据上面测量的两组频率特性曲线分别说明电路频率特性曲线变化的原因。

## 4.7　失真度分析仪

失真度分析仪是测试电路输出失真情况的主要仪器，一般用于音频设备的测试，如音频功率放大器的失真测试、音频信号发生器输出的测量，其频率范围为 20Hz ~ 20kHz。

图 4.23 所示为失真度分析仪的图标和面板图。通过图 4.23 所示的面板中的“基频”栏来设置测试信号的频率。

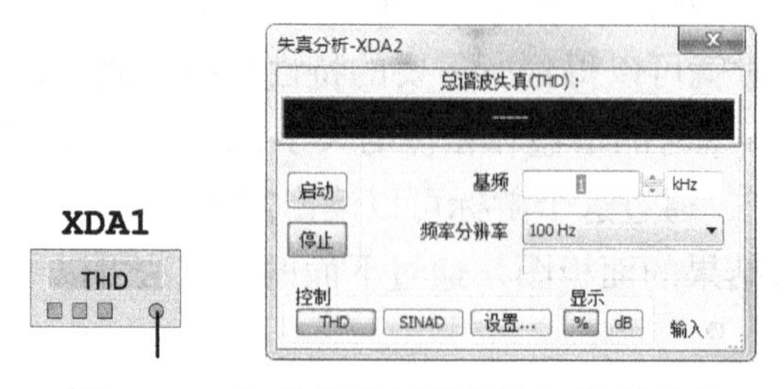


图 4.23　失真度分析仪图标及面板图

失真度通常有两种表示方法：一种用 THD（谐波总和失真）表示，另一种用 SINAD（信号加噪声及失真的和）表示。其中 THD 可以用百分数表示，也可以用对数来表示，而 SINAD 仅用对数来表示。

IEEE 标准中 THD 失真度的表达式为

$$\frac{\sqrt{U_1^2+U_2^2+U_3^2+U_4^2+\cdots}}{\sqrt{U_0^2+U_1^2+U_2^2+U_3^2+U_4^2+\cdots}}$$

ANSI 标准中 THD 失真度的表达式为

$$\frac{\sqrt{U_1^2+U_2^2+U_3^2+U_4^2+\cdots}}{U_0}$$

SINAD 失真度的表达式为

$$\frac{\sqrt{U_0^2+U_1^2+U_2^2+U_3^2+\cdots+U_N^2}}{\sqrt{U_1^2+U_2^2+U_3^2+\cdots}}$$

单击图 4.23 所示面板中的“控制”栏中的“设置”按钮，通过弹出的对话框可以选择 THD 失真度的 IEEE 和 ANSI/IEC 标准中的一个；同时还可以设置起始频率和终止频率及测试时考虑的谐波数。

图 4.24 所示为失真度分析仪与三极管单管共射放大器的连接情况以及该放大器的失真度的测试结果。从图 4.24 可以看出，失真度分析仪的基频就是电路输入正弦信号的基波频率。

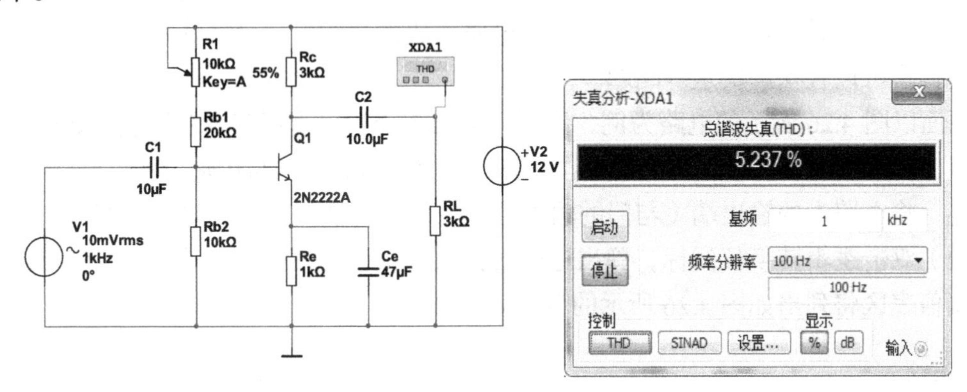


图 4.24　失真度分析仪实际连线图

通过调节电路的信号源的幅度可以看到其失真度越来越大，也就是说失真情况更加严重。

## 4.8　逻辑转换仪

逻辑转换仪是 NI Multisim 11 所特有的一种虚拟仪器，在实验室中没有具体的仪器相对应。逻辑转换仪可以方便地在电路图、真值表、逻辑表达式之间进行相互转换。如图 4.25 所示，给出了逻辑转换仪的图标及面板图，从仪器图标上可以看出，其下面一排的引出端中左边 8 个与电路的输入端相连，右边的一个引出端与电路的输出端相连，可以方便地进行 8 个输入逻辑函数的相互转换。下面分别介绍其功能。

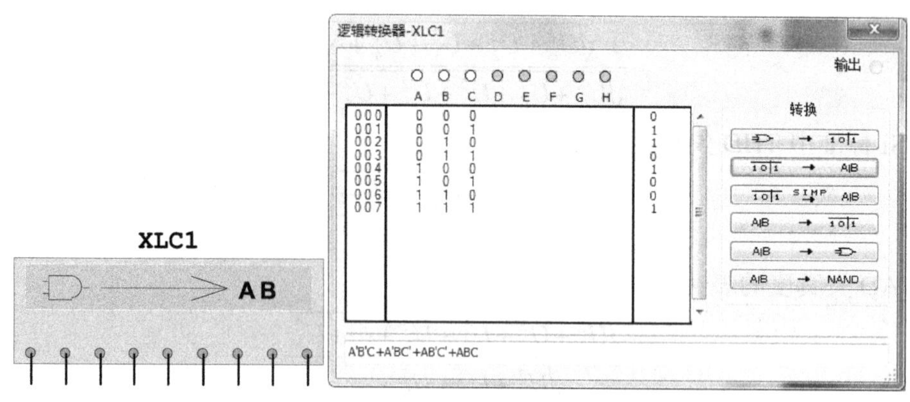

图 4.25　逻辑转换仪图标及面板图

### 4.8.1　由电路图得到真值表及表达式

由电路图到真值表是分析组合逻辑电路的常用方法，通常是根据电路图写出表达式，再根据表达式写出真值表，最后从真值表分析其具体的逻辑功能。这种方法对于小规模的门电路比较容易分析，但对于由中规模电路构成的功能电路就不能进行很好的分析，逻辑转换仪可以轻松解决这一问题。

下面以图 4.26 所示的电路为例，说明由电路图分析出真值表及逻辑表达式的过程。

（1）首先绘制如图 4.26 所示的电路图，将电路的输入端与逻辑转换仪的 A、B、C 端相连，将电路中的输出端（与门的输出端）与逻辑转换仪的“OUT”端相连。

（2）双击逻辑转换仪图标，弹出逻辑转换仪面板，在面板上单击按钮，这时真值表区将列出如图 4.26 所示的真值表。

**注意**

在执行上述步骤时电路不能处于模拟状态，否则观察不到如图 4.26 所示的效果。

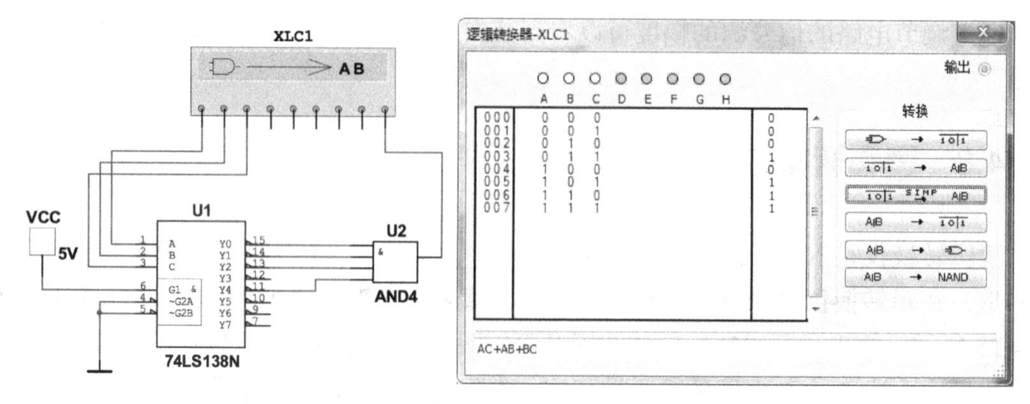

图 4.26　利用逻辑转换仪分析电路功能

（3）单击[101 → A|B]按钮，这时在表达式显示区域内，显示其表达式为 A'BC+AB'C+ABC'+ABC，其中 A'表示 $\overline{A}$，这里用英文单引号表示逻辑的非号。

（4）上一步得到的表达式是一个最小项表达式的形式，如需要进行进一步的化简，请单击[101 SIMP A|B]按钮，这时逻辑表达式区域的表达式将会变为化简后的表达式。

## 4.8.2 由真值表得到表达式及电路

逻辑电路在设计时一般先有真值表，再根据真值表得到表达式，最后画出电路图，现在有了逻辑转换仪，这一切就变得太简单了。

下面通过设计一个判断输入 8421BCD 码是否大于 5 的电路来说明其设计过程。该电路共有 4 个输入端，当对应的输入小于等于 5 时，输出为 0；否则为 1，表 4.3 列出了实现该功能的真值表。具体步骤如下。

表 4.3 判断 8421BCD 码是不大于 5 的真值表

<table>
<tr><th rowspan="2">序</th><th colspan="4">输 入</th><th rowspan="2">输 出</th></tr>
<tr><th>A</th><th>B</th><th>C</th><th>D</th></tr>
<tr><td>0</td><td>0</td><td>0</td><td>0</td><td>0</td><td>0</td></tr>
<tr><td>1</td><td>0</td><td>0</td><td>0</td><td>1</td><td>0</td></tr>
<tr><td>2</td><td>0</td><td>0</td><td>1</td><td>0</td><td>0</td></tr>
<tr><td>3</td><td>0</td><td>0</td><td>1</td><td>1</td><td>0</td></tr>
<tr><td>4</td><td>0</td><td>1</td><td>0</td><td>0</td><td>0</td></tr>
<tr><td>5</td><td>0</td><td>1</td><td>0</td><td>1</td><td>0</td></tr>
<tr><td>6</td><td>0</td><td>1</td><td>1</td><td>0</td><td>1</td></tr>
<tr><td>7</td><td>0</td><td>1</td><td>1</td><td>1</td><td>1</td></tr>
<tr><td>8</td><td>1</td><td>0</td><td>0</td><td>0</td><td>1</td></tr>
<tr><td>9</td><td>1</td><td>0</td><td>0</td><td>1</td><td>1</td></tr>
<tr><td>10</td><td>1</td><td>0</td><td>1</td><td>0</td><td rowspan="6">非 8421BCD 码</td></tr>
<tr><td>11</td><td>1</td><td>0</td><td>1</td><td>1</td></tr>
<tr><td>12</td><td>1</td><td>1</td><td>0</td><td>0</td></tr>
<tr><td>13</td><td>1</td><td>1</td><td>0</td><td>1</td></tr>
<tr><td>14</td><td>1</td><td>1</td><td>1</td><td>0</td></tr>
<tr><td>15</td><td>1</td><td>1</td><td>1</td><td>1</td></tr>
</table>

（1）设输入变量为 A、B、C、D，根据题意可列出表 4.3 所示的真值表。

（2）在 NI Multisim 11 的电路窗口中放上逻辑转换仪图标，双击转换仪图标，在逻辑转换仪的面板上的输入端部分选中 A、B、C、D，这时真值表中列出了一个 16 行的真值表，但其输出的状态全部显示为“?”。

（3）根据表4.3所示的真值表，在逻辑转换仪面板中真值表的对应行的输出状态处单击，可以看到其显示的状态在?、0、1、X这4种状态之间切换，将显示的真值表设置为与表4.3一致（输入10～15对应的输出状态用X来表示，即为任意状态）。

（4）单击逻辑转换仪面板上的[10|1 → A|B]或[10|1 SIMP A|B]按钮，可得到最小项表达式和化简的表达式。

（5）单击[A|B → 与门]或[A|B → NAND]按钮，可以得到用与门构成逻辑电路图或用与非门构成的逻辑电路图，用户可以根据需要进行选择。图4.27所示为该例的结果图。

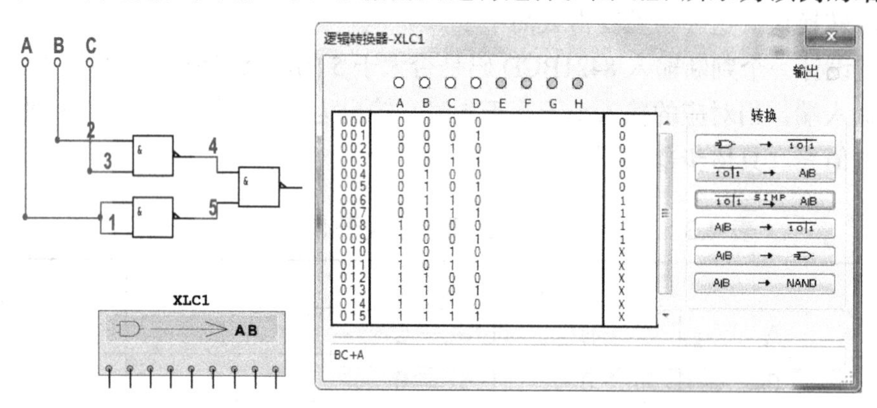


图4.27　逻辑转换仪实现由原理到电路的转换

**注意**

单击[A|B → 与门]或[A|B → NAND]按钮得到的电路取决于当前表达式的形式，如果是化简的表达式，则电路较简单；如果是最小项表达式，则电路较复杂。

### 4.8.3　由表达式得到电路及真值表

用户可以在逻辑表达式的区域输入各种逻辑表达式，然后通过[A|B → 与门]或[A|B → NAND]按钮得到电路图；通过[A|B → 10|1]按钮可得到真值表，这里就不进一步说明了。需要指出的是：这里的逻辑表达式中的非号是用英文单引号来表示的。逻辑表达式：

$$Y=\overline{A+B\overline{C}+\overline{A+BC}}$$

在NI Multisim 11中写为Y=(A+BC'+(A+BC)')'。

### 4.8.4　逻辑转换仪应用举例

要分析一个组合逻辑电路，通常是找出其真值表，再根据真值表分析其逻辑功能。图4.28为一简单的组合逻辑电路，其逻辑功能借助于逻辑转换仪可以很方便地进行分析，其步骤如下。

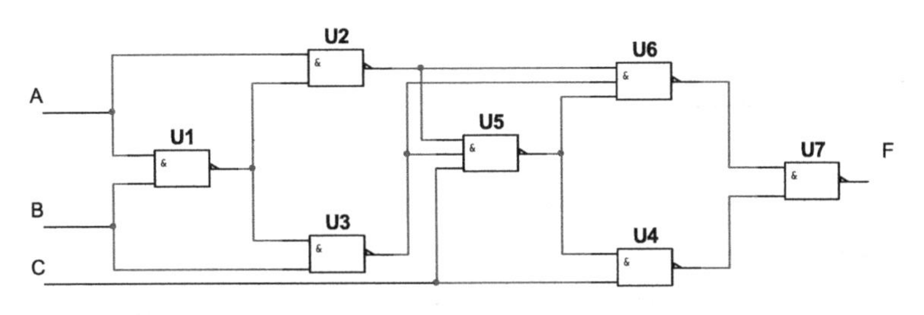


图 4.28　简单组合逻辑电路

（1）绘制图 4.28 所示的电路，将输入端 A、B、C 分别与逻辑转换仪的输入端 A、B、C 相连，再将输出端 F 与逻辑转换仪的输出端相连，如图 4.29 所示。

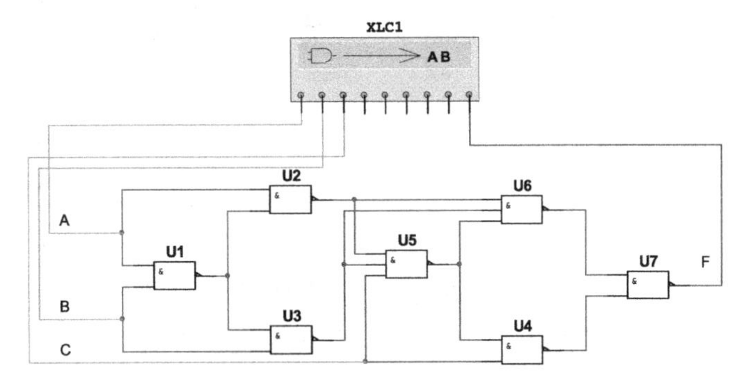


图 4.29　逻辑转换仪的连接

（2）按下按钮，这时在逻辑转换仪的真值表处可以显示其真值表，如图 4.30 所示。

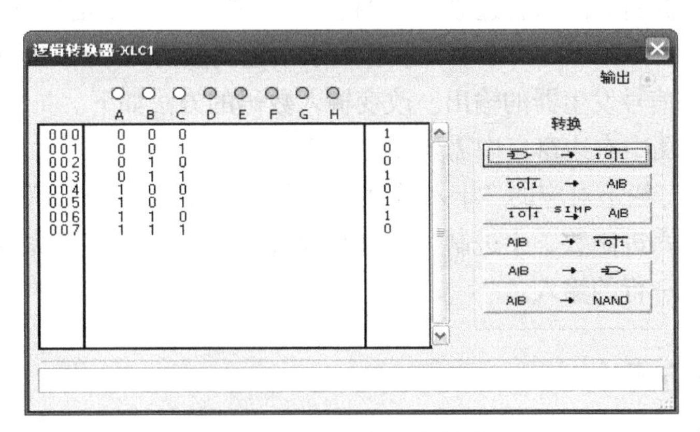


图 4.30　电路的真值表

（3）仔细分析真值表可以发现，输出为 1 时其输入端必须有偶数个 1（输入全为 0，可以看作 0 个 1，将 0 也看作偶数），故该电路为一个奇偶校验电路（检查输入变量 1 的个数为奇数还是偶数）。

## 4.9 字信号发生器

字信号发生器是一种向数字系统或数字电路发送数字信号的虚拟仪器。图 4.31 所示为字信号发生器的图标及面板图，在图标的左边及右边各有 16 个接线柱，分别是 32 路 8 位信号的输出，也就是说可以同时输出 32 路的数字信号。用户可以自行设置其输出状态及变化的规则。

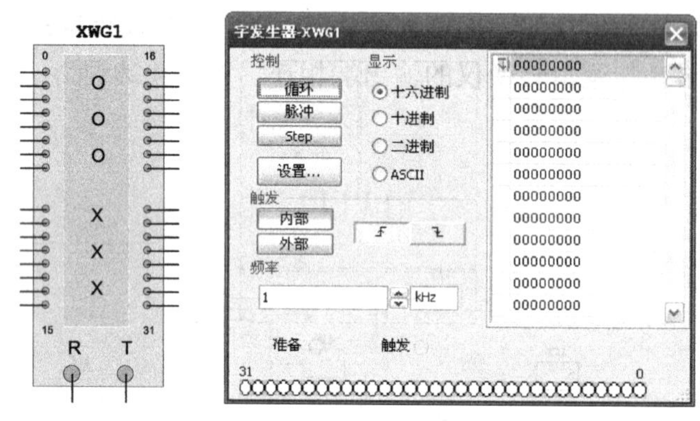


图 4.31　字信号发生器图标及面板图

### 4.9.1　输入状态

在字信号发生器面板图的右边显示的 8 位十六进制数就是字信号发生器输出的数码，其范围从 00000000H 到 FFFFFFFFH（或相当于十进制数的 0 ~ 4294967256），改变这些就相当于改变了字信号发生器的输出。改变输入数码的方法如下。

（1）选择面板图中右边窗口中需要改变状态对应的行。

（2）在“编辑”栏下对应的“十六进制”、“十进制”、“二进制数”或“ASCII”输入框中输入相应的十六进制数、十进制、二进制数或 ASCII 码，输入完成后按 Enter 键确定，就可以进行下一行的输入。

### 4.9.2　工作方式

字信号发生器的输出可以是周期性的也可以是单步执行的，可以根据用户的不同需要进行合理地选择，它是通过“控制”栏来进行的，共有如下几种工作方式。

（1）循环。在用户设置好的初始值到终止值之间循环输出字符。

（2）脉冲。每单击一次，字信号发生器从初始值到终止值结束的逻辑字符输出一次，即单页模式。

（3）Step（单步）运行。每单击一下“单步”按钮，输出一个数码后暂停。

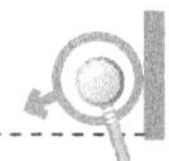

（4）用户预设置。用户可以通过相应的界面设置或存储字状态，共有 8 个选项，其功能分别如下。

①不改变：保持原来的设置。

② 加载：加载以前的字符信号文件。

③ 保存：将当前设置的字状态保存为一个文件，供下次使用，通过上面的“打开”命令可以打开已经保存的字状态文件。

④ 清除缓冲：将原来设置的状态全部改变为 0000。

⑤ 加计数器/减计数器：自动产生字序列，其后一个数码较前一个数码大 1 或小 1，还可以与设置“起始状态”结合产生需要的字序列。

⑥ 右移/左移：产生一个右移/左移的序列，如 8000→4000→2000→1000 等。

### 4.9.3 频率设置

用户可以通过面板上的“频率”栏来输入字信号频率的高低，其单位可以是 Hz、kHz 或 MHz。

### 4.9.4 应用举例

图 4.32 所示为译码器 4511 逻辑功能的测试电路，其输入端与字信号发生器输出端相连，而输出端与七段数码管相连。通过设置字信号发生器的输出状态从 0000H 到 0000F 周期性变化，观察数码管的显示状态，可以看到其显示数码从 0 到 9，而当输入为 000AH 到 000FH 时，数码管无显示，故 4511 为一个 8421BCD 的译码驱动电路。

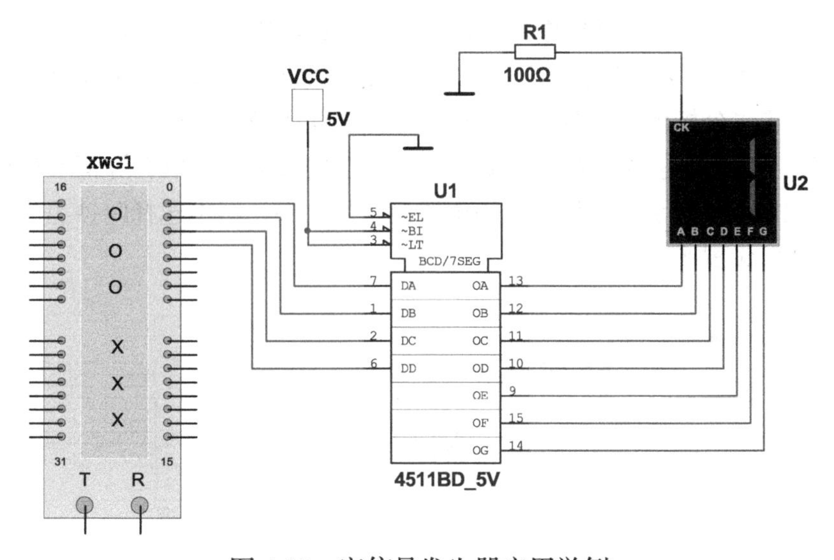


图 4.32　字信号发生器应用举例

## 4.10 逻辑分析仪

逻辑分析仪是数据域测量的重要仪器，它可以同时观察多路逻辑信号的波形，是示波器无法替代的专用逻辑功能测试仪器，是分析和调试复杂数字系统的重要工具。

Multisim 中提供了一种可以同时观察 16 路数据信号的逻辑分析仪，并且在一个电路窗口中可以同时使用多个逻辑分析仪，图 4.33 所示为逻辑分析仪的图标和面板图。

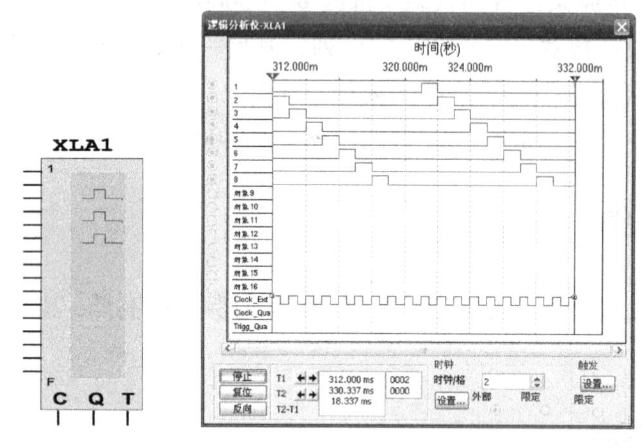


图 4.33 逻辑分析仪的图标及面板图

图标左边为 16 路信号输入端，下面有 3 个输入端，分别为外部时钟输入端、时钟控制输入端和触发控制输入端，这 3 个输入端主要用来控制显示波形的同步信号的特性。

在面板图中的“时钟”栏区域，“时钟/格”对应的数值表示在波形显示区中 X 轴每格显示几个时钟周期；“设置”按钮用来选择同步时钟信号的类型及参数，图 4.34 所示为“时钟设置”对话框。对话框中的“外部”、“内部”用来选择是用外部时钟信号来同步还是用内部信号来同步；“时钟频率”用来设置内部同步时钟信号的频率。

图 4.35 为逻辑分析仪与被测电路的连接方法。使用逻辑分析仪时多数使用外部时钟同步方式，通过设置时序的内外选择及“时钟/格”的数值，可以在屏幕上观察到需要的时序波形图。图 4.33 所示的波形就是该电路测量的结果，图中选择时钟源为外部时钟，并且“时钟/格”设置为“2”。

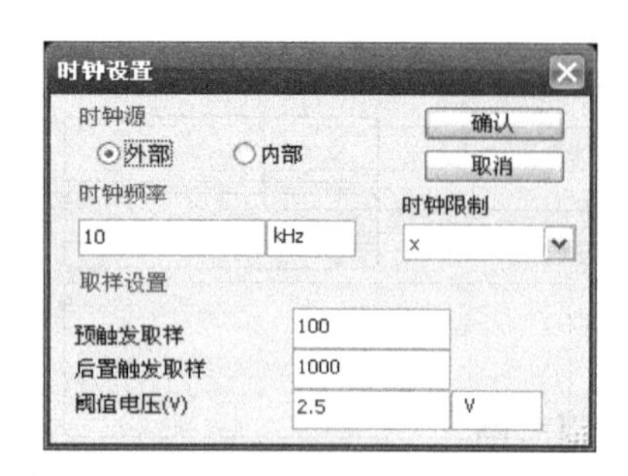


图 4.34 “时钟设置”对话框

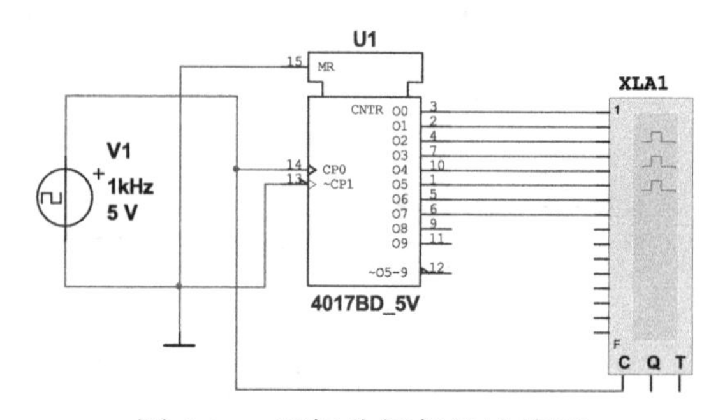


图 4.35 逻辑分析仪的连接图

# 4.11* 频谱分析仪

频谱分析仪是测量信号中幅度与频率的关系，即进行频域分析；而示波器观察的是信号幅度与时间的关系，又称为时域分析。频谱分析仪可以方便地研究信号的频率结构及范围，是通信及信号系统的重要分析仪器。图 4.36 所示为频谱分析仪的图标及面板图。

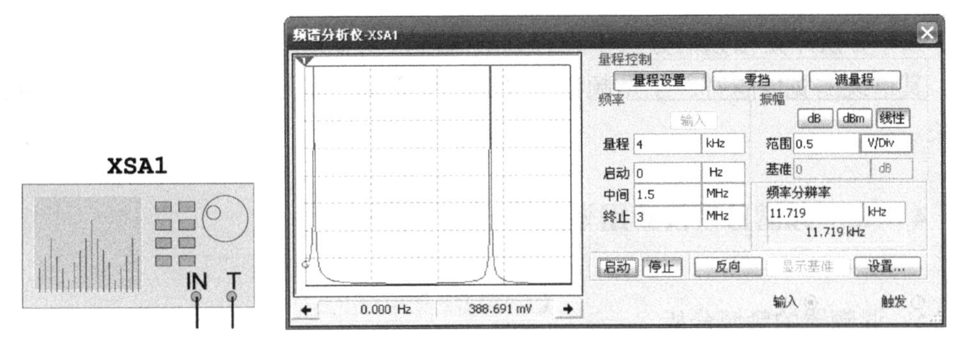


图 4.36　频谱分析仪图标及面板图

频谱分析仪与示波器的连接方法一样，只要将被测信号连接到频谱分析仪的输入端就可以了。

## 4.11.1 频谱分析仪的使用

### 1. 频谱范围的设置

测量信号的频谱结构首先必须了解信号的频率范围。根据信号的频率范围不同，频谱分析仪提供了 3 种测量模式，分别对应于仪器面板上的“量程设置”、“零挡”和“满量程”3 个按钮，其 3 种模式如下。

（1）“量程设置”模式。表示频率的测量范围由用户自行设置，在面板上的“频率”栏，用户可以直接输入“启动”频率、“终止”频率和“中间”频率中的任意两个频率，也可以是“量程”、“启动”频率或“中间”频率中的两个频率值。

（2）“零挡”模式。用于测量某一具体频率点的频谱幅度，选择该模式时在“频率”栏中仅能输入“中间”频率。

（3）“满量程”模式。用于测量整个频谱段内的频谱结构，其量程为 0Hz ~ 4GHz，这时“频率”栏无法输入任何频率，该模式主要用于测量整个频段内信号的频谱分布情况。

### 2. 频谱幅度的设置

频谱分析仪的幅度刻度有“线性”、“dB”与“dBm”3 种刻度形式。

（1）线性刻度是屏幕上显示的幅度为被测信号的频率分量的峰值（最大值）。

（2）dB 表示垂直刻度是以对数形式、按照公式 20lg（*U*）来刻度的，其中 *U* 为该频率点的信号峰值（最大值）。

（3）dBm 主要用于功率频谱的测量，其刻度是按照公式 10lg（*U*/0.775）来刻度的，0dBm 表示输出功率为 1mW，或 600Ω电阻上的电压为 0.775V。

### 3．频率分辨率设置

频率分辨率是指频谱分析仪进行分析时两根垂直谱线的分辨能力，分辨率的数值越大，其谱线的宽度越宽，于是频谱的分辨率就下降，但是分辨率数值越小，分析的时间越长。

## 4.11.2　频谱分析仪应用举例

### 1．混频器的频域分析

混频器是一个将输入的两个频率进行运算，在其输出端得到输入端两个信号的频率之和及之差的仪器。图 4.37 为利用乘法器实现混频的电路。

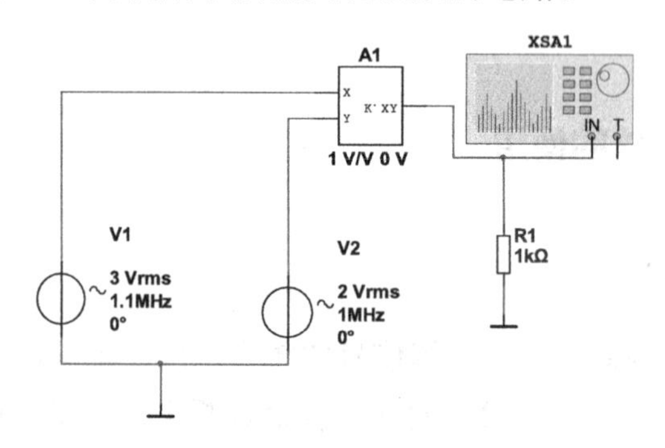


图 4.37　利用乘法器实现的混频电路

图 4.37 中两个输入信号的两路正弦信号，其频率分别为 1.1MHz 和 1MHz，幅度为 3V 和 2V，这个混频器是利用乘法器来实现的，其输出为两个频率信号（两个频率的和频及差频），其具体的数值为

$$f_1+f_2=1.1\text{MHz}+1\text{MHz}=2.1\text{MHz}$$

$$f_1-f_2=1.1\text{MHz}-1\text{MHz}=0.1\text{MHz}$$

其输出信号的幅度为两个幅度及乘法器的增益的乘积，图 4.37 中乘法器的增益为 1，故两个频率点的幅度为 $2\times3/2=3$V（峰值）。

如果需要对上面例子进行测试，可以按如下步骤进行。

（1）绘制如图 4.37 所示的电路（乘法器在电源库，从“CONTROL-FUNCTION-BLOCKS”项里找到“MULTIPLIER”），调整输入信号的幅度（其数值为峰值）及频率。

（2）双击频谱分析仪的图标，在频谱分析仪的面板上设置参数。将频谱“量程”设置

为 4kHz，“中间”频率为 1.5MHz，“启动”频率为 0Hz，单击“频率”栏的“输入”按钮；将“振幅”栏“范围”设置为 0.5V/Div，采用“线性”刻度；将频率分辨率设置为 11.719kHz。

（3）打开仿真开关，经过一段时间的运算后在频谱分析仪上可以看到该电路的频谱结构，如图 4.38 所示。

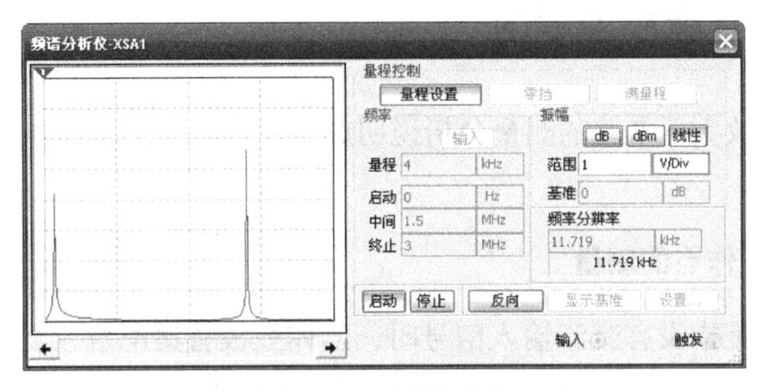


图 4.38　频谱结构

### 2. 幅度调制的频谱结构观察

图 4.39 所示的电路为一个幅度调制器电路，观察该电路输出信号的频谱的方法与上例相同，但其频谱范围为（100kHz−1kHz）~（100kHz+1kHz），故“中间”频率设置 100kHz，“量程”设置为 5kHz，观察结果如图 4.40 所示。

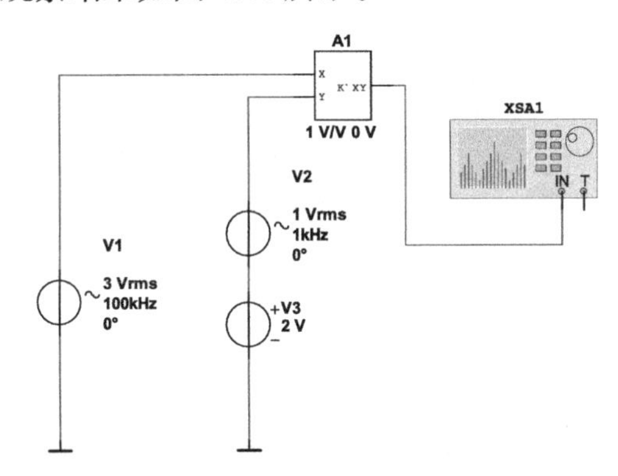


图 4.39　幅度调制器频谱观察电路

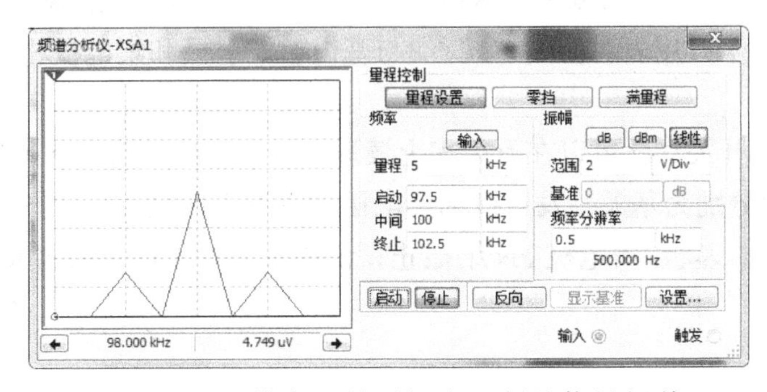


图 4.40　分辨率不够时幅度调制的信号频谱

根据电子线路的知识可以知道，图 4.37 所示电路输出信号的频谱应该是“100kHz−1kHz”、“100kHz”和“100kHz+1kHz”3 根单一谱线，而图 4.38 的显示结果并非为 3 根单一谱线，其原因是频率分辨率太低，这时最小的频率分辨率不够。

## 4.12 虚拟仪器应用举例

下面通过单管放大器电路的测量分析说明虚拟仪器的使用。图 4.41 所示为单管放大器电路图。

### 1. 直流静态工作点的测量

直流静态工作是指没有交流输入信号时，晶体三极管集电极、发射极和基极三个极的对地电压。通常使用万用表进行测量，并通过测量的电压分析晶体三极管的工作状态。使用万用表的测量步骤如下。

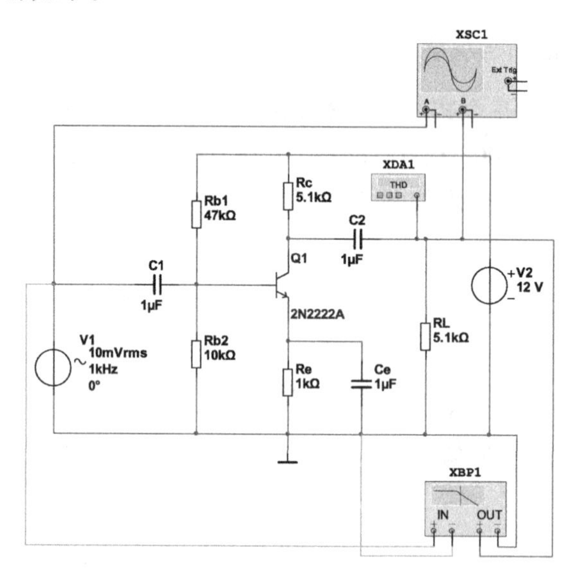


图 4.41　单管放大器电路

（1）将输入信号源 V1 的输出电压设置为 0V（相当于没有交流输入电压）。

（2）分别将三个万用表对应的“+”端与基极、发射极和集电极相连，所有的“−”端接地。

（3）打开仿真开关，就可以在万用表上读取三个极对应的直流工作电压。

图 4.42 所示分别为基极、发射极和集电压的直流工作电压，从图中可以看出基极−发射极 PN 结导通，基极−集电极 PN 结截止，说明管子处于正常的放大状态。

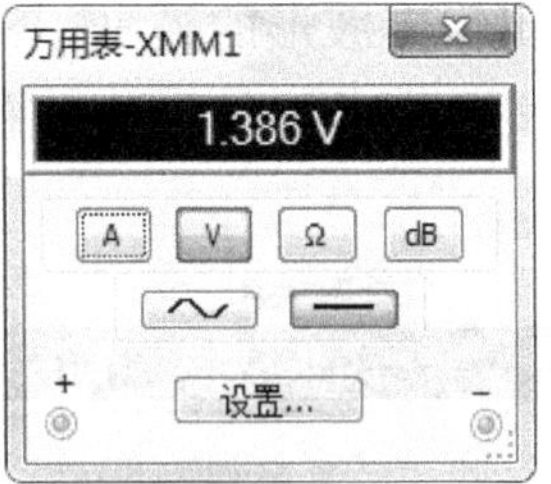

图 4.42　三个极对应的直流工作点

### 2. 放大倍数的测量

放大倍数是指电路的输出与输入交流信号大小的比值。一般测量时利用交流电压表分别测量输出与输入电压的大小，并将这两个数值进行除法运算。在 NI Multisim 11 分析电路时通常是利用示波器来观察输入和输出波形，并通过示波器读取输入和输出信号的幅度大小，再进行运算。

图 4.43 所示为单管放大器的输入和输出波形。图中游标 1 处于输入波形的最大值处，波形下面的“T1”小窗格中可以读出输入幅度为 14.14mV；游标 2 对应于输出波形的最大值处，波形下面的“T2”小窗格中可以读出输出幅度为 216.20mV。所以放大器的放大倍数为：

$$A_{\mathrm{u}} = \frac{216.20}{14.14} \approx 15.2$$

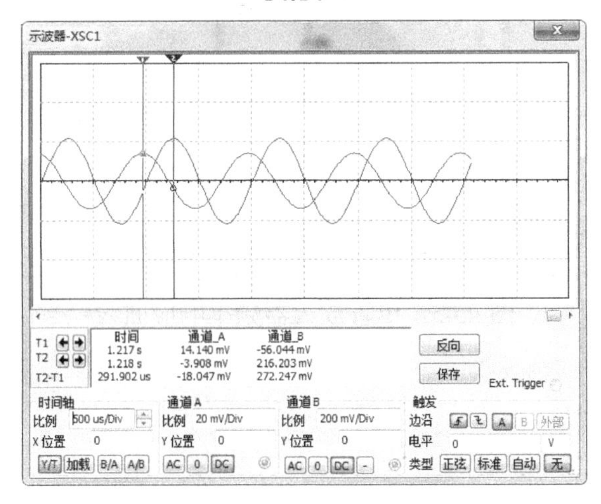


图 4.43　输入、输出波形

### 3. 放大器失真度测量

放大器失真度的大小是放大器线性好坏的重要指标，利用示波器观察输入和输出的波形，只有失真比较严重的时候才能观察到，对于失真比较小的情况通常使用失真度分析仪进行测量。

图 4.43 所示的波形一般看不出输出波形的失真。图 4.44 所示为该电路输出信号的失真度测量结果，从图中可以看出该电路还是存在失真的。

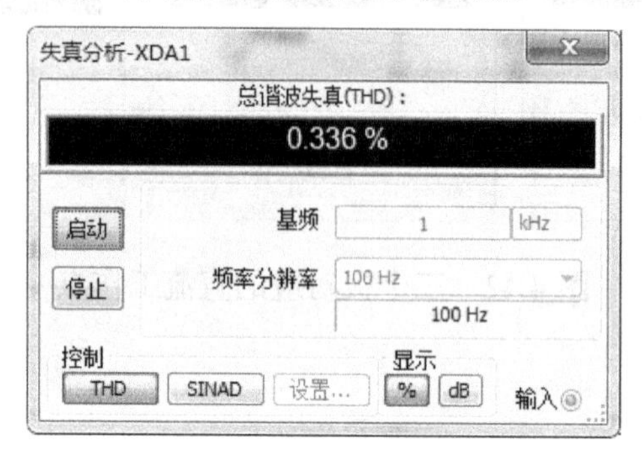


图 4.44　失真测量结果

### 4．放大器频率响应测量

放大器频率响应是衡量放大器性能好坏的重要指标，是指放大器对不同频率有不同的响应。理想的放大器对有用信号范围内的频率应具有相同的放大倍数。放大器的频率响应通常又称为放大器的频率特性，在实验室中通常是使用频率特性测量仪（俗称为扫频仪）进行测量，NI Multisim 11 中对应的仪器为波特图示仪。图 4.45 所示为单管放大器的频率响应曲线。

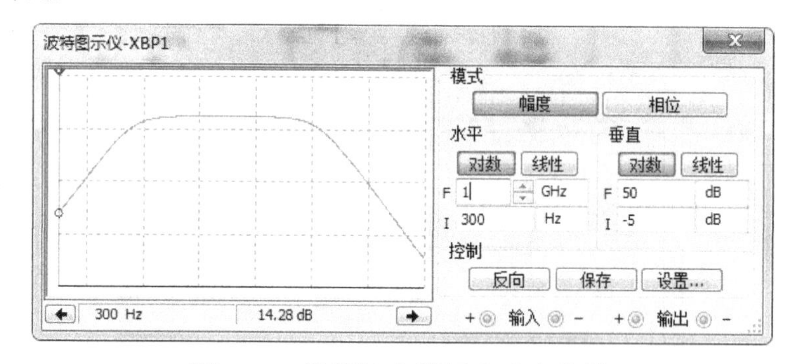


图 4.45　单管放大器频率响应曲线

## 习题

1. 为什么 NI Multisim 11 提供的虚拟数字式万用表的测量结果与实验室中测量的结果不一致？如何才能使两者的测量结果一致？

2. NI Multisim 11 提供的示波器与实验室通常使用的示波器有什么区别？

3. 在图 4.46 所示电路的输入端分别输入频率为 1kHz，幅度分别 1V、2V、3V、5V、8V、10V 的三角波，用示波器观察输入及输出波形的变化，根据观察结果说明何时稳压管才具有稳压功能，并计算稳压管的稳压电压。

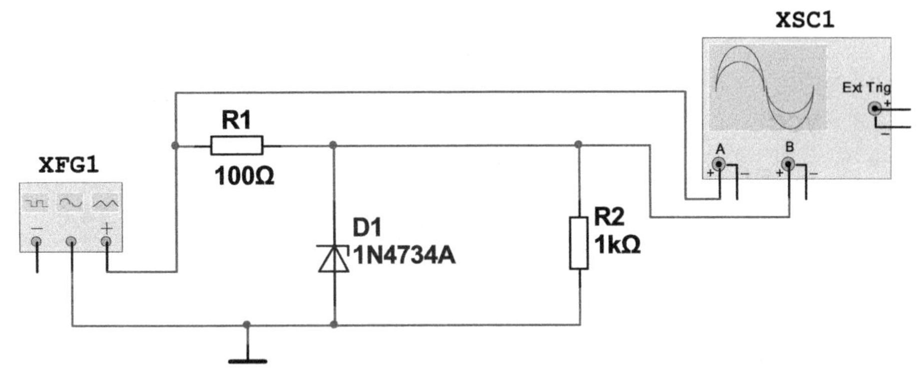


图 4.46　稳压二极管稳压功能观察图

4. 利用乘法器实现 $10\sin(1000\pi t)\times 5\sin(100\pi t)$函数功能，用示波器观察其输出波形。

5. 图 4.47 所示的电路是有源带通滤波器电路，在电路的输入端输入频率为 1kHz，幅度为 1V 的方波信号，用示波器观察输入输出波形的变化，说明输出变化的原因。

6. 用波特图示仪测量图 4.47 所示电路的频率特性曲线，并测量该电路的频带宽度。

7. 将下列表达式转换为真值表。

$Y=\overline{ABC}D+\overline{AB}+A\overline{BC}D+\overline{ACD}$

$Y=\bar{A}+A\bar{C}D+A\bar{B}\bar{C}D+A\bar{D}$

$Y=\bar{A}+\bar{B}+\overline{CD}+A\bar{C}D$

8. 将上题的各逻辑表达式转换为用与非运算来实现的电路图。

9. 74LS163 为四位二进制计数器（十六进制计数器），试用逻辑分析仪测量如图 4.48 所示的计数器电路的计数进制。

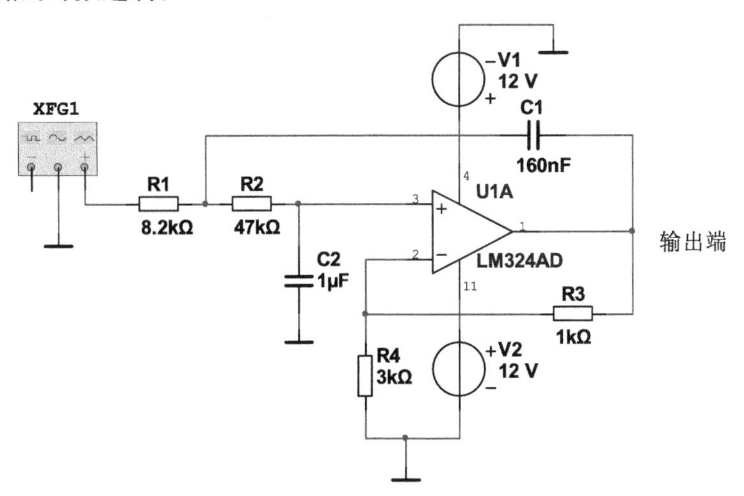


图 4.47　运算放大器应用电路

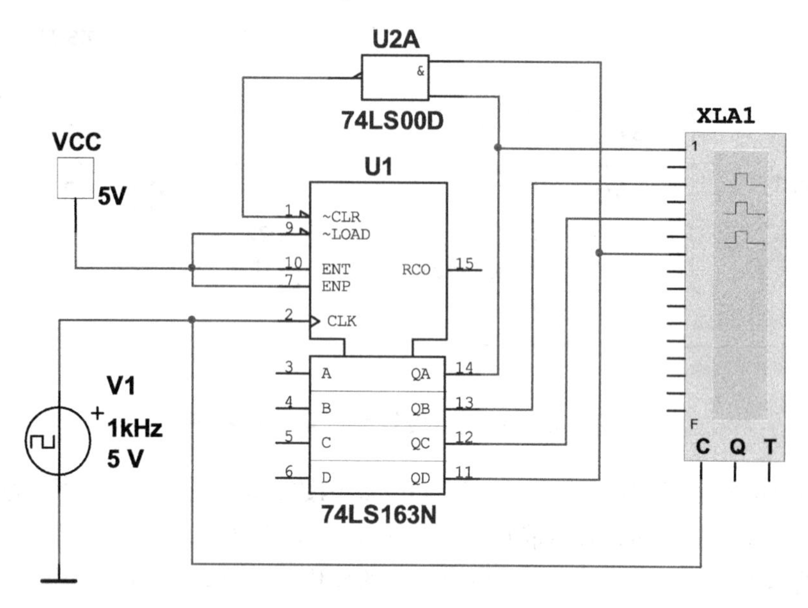
U2A
&
74LS00D
VCC
5V
U1
~CLR
~LOAD
ENT
ENP
CLK
RCO
A
B
C
D
QA
QB
QC
QD
74LS163N
V1
1kHz
5 V
XLA1
C Q T

图 4.48　计数器电路

第5章

# 高级分析功能

第 4 章介绍了 Multisim 提供的各种虚拟仪器，这些仪器给电路的分析带来了极大的方便，但有时在电路中需要对多个参数进行分析，或这些虚拟仪器无法满足分析的要求，NI Multisim 11 还提供了电路的分析功能，供用户对电路的设计等进行进一步的分析和仿真。

NI Multisim 11 提供了直流工作点分析、交流分析、瞬态分析、傅里叶分析（频谱分析）、噪声分析、失真度分析、直流扫描分析、灵敏度分析、参数扫描分析、温度扫描分析、最坏情况分析、极点-零点分析、蒙特卡罗分析、批处理分析、用户自定义分析等，这些分析包括电路的设计和调试的各领域。

本章主要介绍使用较多的一些分析方法，其余的分析方法用户可以参见该软件的用户指南或其他资料。本书介绍的分析方法如下。

（1）直流工作点分析。分析电路直流通路各节点的直流电压和电流大小。

（2）交流分析。分析二端口电路频率曲线。

（3）瞬态分析。分析信号的瞬态变化情况。

（4）傅里叶分析。分析输出信号的频谱。

（5）直流扫描分析。分析直流电压源或电流源的变化对直流工作点的影响。

（6）参数扫描分析。分析电路中某参数对输出的影响情况。

（7）温度扫描分析。分析温度变化对输出的影响。

## 5.1 如何进行分析

对电路的状态或输出信号波形进行分析的步骤如下。

（1）先绘制电路，设置电路中各元件的参数，给电路加上地线（必须加，否则将无法进行分析）。

（2）节点名是 NI Multisim 11 中区别电路连接点的唯一标志，在电路分析时需要显示出该节点。在 NI Multisim 11 菜单“选项”中选择“Sheet Properties”选项，在弹出的对话框中选中“电路”选项卡，在“网络名字”栏选中“全显示”单选按钮即可，如图 5.1 所示。

（3）选择“仿真”菜单中的“分析”命令，再在下一级菜单中选择需要的分析方法，这时会弹出具体分析设置的对话框，其中包括以下选项卡。

①“频率参数”选项卡。可以针对相应的分析方法设置有关的参数。图 5.2 所示为交流分析的有关频率参数设置。

图 5.1　显示节点

图 5.2　“频率参数”选项卡

②“输出”选项卡。从电路的各节点中选择需要进行分析的节点，图 5.3 所示为分析节点的选择情况。

图 5.3　“输出”选项卡

③“分析选项”选项卡。与仿真分析有关的分析选项设置，设置界面如图 5.4 所示。

图 5.4　“分析选项”选项卡

④“摘要”选项卡。对分析设置进行汇总确认，如图 5.5 所示。

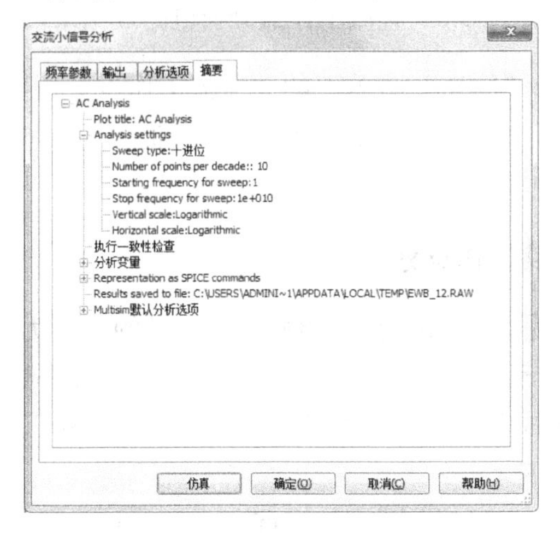


图 5.5　“摘要”选项卡

（4）对上面参数进行设置后就可以进行分析了。进行分析只要单击图 5.2、图 5.3 或图 5.4 中的“仿真”按钮，这时就可以得到所需要的分析结果。

## 5.2 直流工作点分析

直流工作点分析是分析电路中各节点的直流电压及电流情况。在进行直流工作点的分析时，交流信号源视为短路，电容视为开路，电感也视为短路，所以直流工作点的分析是一种小信号的近似分析，对于大信号的电路其分析是不可靠的。

### 5.2.1 直流工作点分析举例

#### 1. 简单串联电路工作点分析

图 5.6 所示的电路为一个简单的串联电路，电路中包含有一个直流电压源和一个交流电压源，两个 20kΩ的电阻。在绘制用于直流工作点分析的电路中必须有接地点，否则无法进行分析。

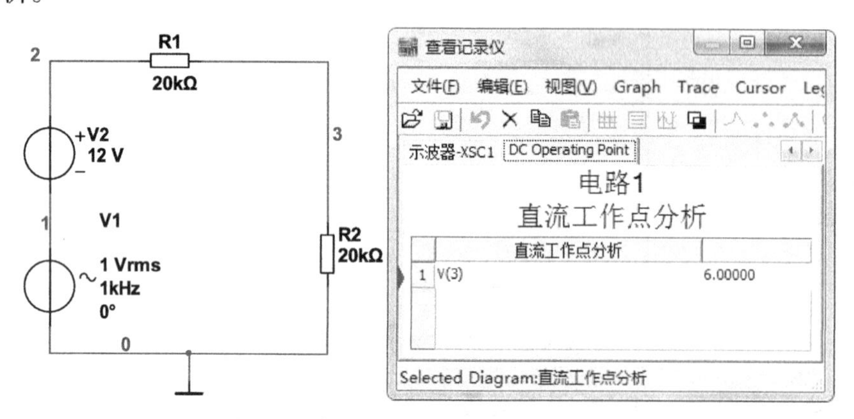


图 5.6 直流工作点分析电路及结果

当绘制好电路后选择“仿真”菜单下的“直流工作点分析”命令，在弹出对话框的“输出”中选择“V（3）”进行分析，选择后单击下面的“仿真”按钮就可以得到图 5.6 右边所示的分析结果。

#### 2. 单管共射放大电路工作点分析

图 5.7 所示为一个单管放大器的典型电路，其管子的$\beta$ 值为 150，按照一般的分析是需要用公式进行计算的，而通过电路的仿真分析瞬间就可以得到结果了。

在对图 5.7 进行分析时首先要将三极管的$\beta$ 值设置为 150，其在晶体管的模型参数中用 Bf 表示，设置方法如下。

双击三极管的符号，弹出元件设置对话框，单击“编辑模型”按钮，在弹出的新对

话框中将 Bf=× × ×改为 150，如图 5.8 所示。

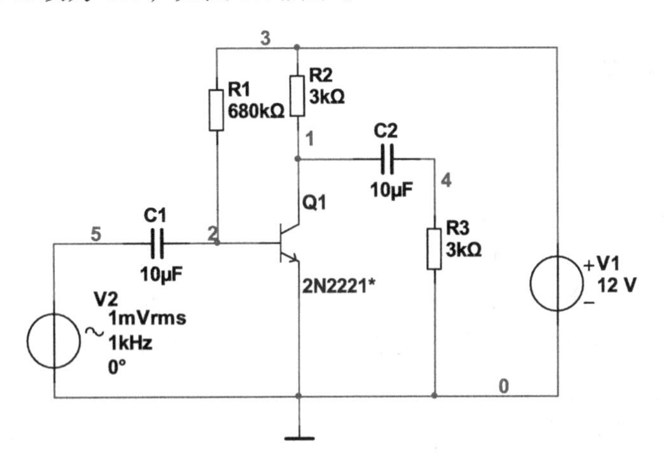


图 5.7　单管共射放大器电路

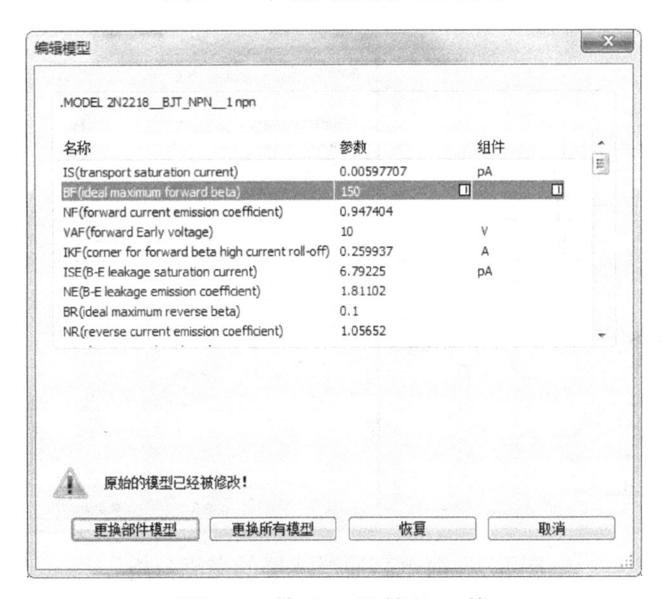


图 5.8　修改三极管的$\beta$ 值

单击“更换部件模型”按钮后退出对话框再进行直流工作点分析。

### 5.2.2　直流工作点分析不成功的情况

直流工作点分析有时会不成功，可能会导致分析失败的情况如下。

（1）在分析电路之外存在一个独立的元件，如在绘制电路图时，不小心多画了一个元件，而该元件与电路没有连接。

（2）某些元件的一些多余端悬空着，如一个单刀双掷开关的三个端仅有两个端与其他元件相连接。

（3）一些元件没有接地的通路或电路中没有接地。

（4）电路中存在数字元件等。

## 5.3 交流分析

交流分析时电路中的元件是以小信号模型进行分析的，故首先计算电路的直流工作点，以确定电路中非线性元件的小信号工作模型。在交流分析时直流电压源视为短路，直流电流源视为开路，电阻、电容及电感都以交流模型来表示。

交流分析实际上是分析输出与输入在不同频率时的不同响应，可分为幅度与频率的响应关系及相位与频率的响应关系。交流分析实际上与波特图示仪测量幅频特性及相频特性一致，其设置方法也是类似的。

在交流分析时电路的非直流信号全部自动作为交流信号源进行处理。

下面通过图 5.9 所示的简单 RC 电路频率特性的分析来了解其分析步骤。

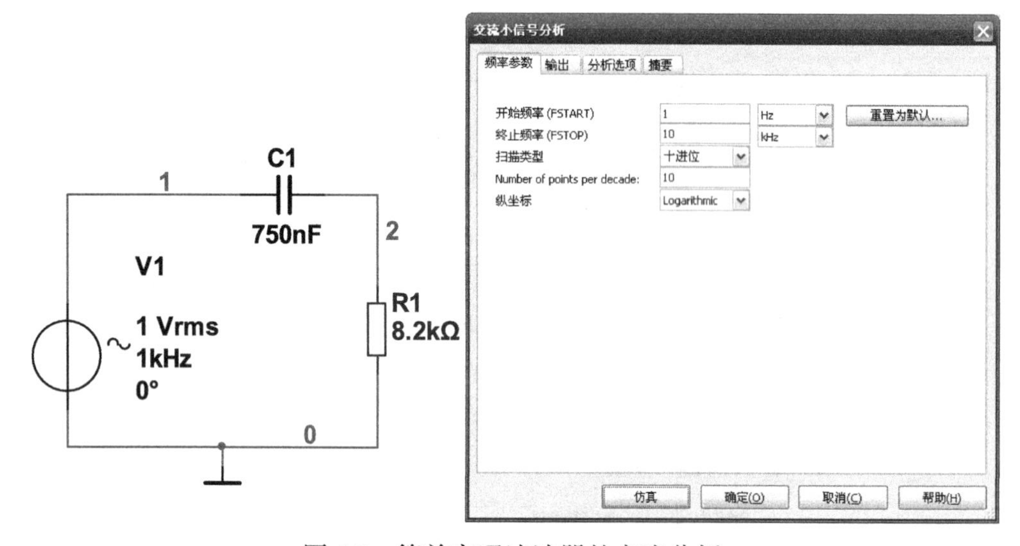


图 5.9 简单高通滤波器的交流分析

（1）绘制图 5.9 所示的电路，并设置各元件的参数。

（2）选择“仿真”菜单下的“交流分析”选项，在弹出的对话框中选择“输出”选项卡，并选取“V（2）”作为分析变量。

（3）在“频率参数”选项卡设置参数如下。

① 开始频率为 1Hz。

② 终止频率为 10kHz。

③ *X* 轴描述类型为“十进位”。

④ 每个“十进位”刻度数为 10。

⑤ 垂直幅度刻度形式为对数刻度。

（4）单击参数设置对话框下的“仿真”按钮就可以得到如图 5.10 所示的分析结果。

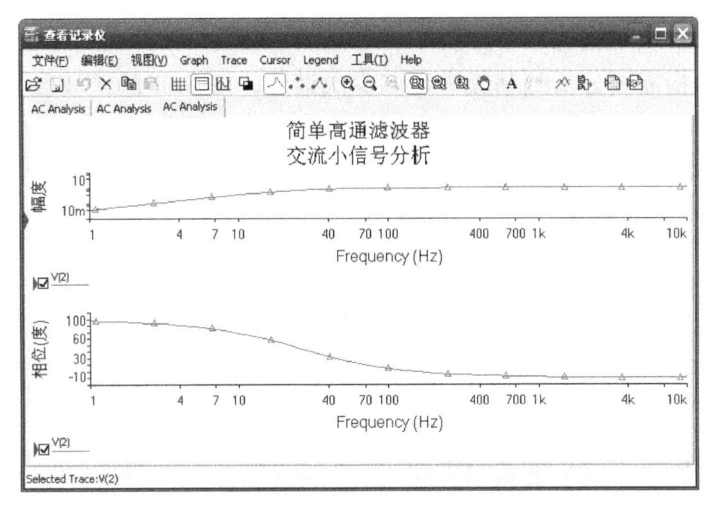


图 5.10 简单高通滤波器的交流分析结果

## 5.4 傅里叶分析

傅里叶分析是通过对时域的波形信号进行傅里叶级数的展开，从而分析出构成信号的直流、基波和各次谐波的幅度分配情况。

傅里叶分析通常根据分析信号的类型分为连续傅里叶分析和离散傅里叶分析。连续傅里叶分析是采用数学的方法对连续信号进行傅里叶级数展开后得到各种频率成分幅度大小的分析方法；而离散傅里叶分析是通过对信号取样及量化变为数字信号，利用数字信号处理方法进行分析的方法。如果信号在时间上具有周期性，则计算过程可简化，这时一般采用快速傅里叶变换 FFT（Fast Fourier Transform）进行分析，NI Multisim 11 中的傅里叶分析就是一种快速傅里叶分析（FFT），其只能对周期性信号进行分析。

下面通过两个例子说明傅里叶分析的使用方法。

### 5.4.1 方波信号的傅里叶分析

图 5.11 为时钟信号发生器与电阻构成的简单回路，通过对电路中节点 1 的傅里叶分析可得到其信号发生器的频谱结构。其分析过程如下。

（1）绘制图 5.11 的电路。也许有用户要问为什么画一个电路进行分析，而不是直接对信号源进行分析呢？其实很简单，NI Multisim 11 的分析必须是对某一个节点进行分析，并且该电路中必须有一个接地点。

（2）选择“仿真”菜单下的“傅里叶分析”命令，在弹出的对话框中的“输出”中选择节点 1 作为分析输出点。

（3）在图 5.11 所示的“分析参数”选项卡中设置相应的参数。

① 频率分辨率（基频）：对于单一频率的信号应选择为信号的基频，图 5.11 中的信

号的基频为 1kHz，故对应的频率分辨率（基频）设置为 1000Hz。

② 谐波数：指需要分析到基频进行多少次谐波，图 5.11 的谐波数为 9。

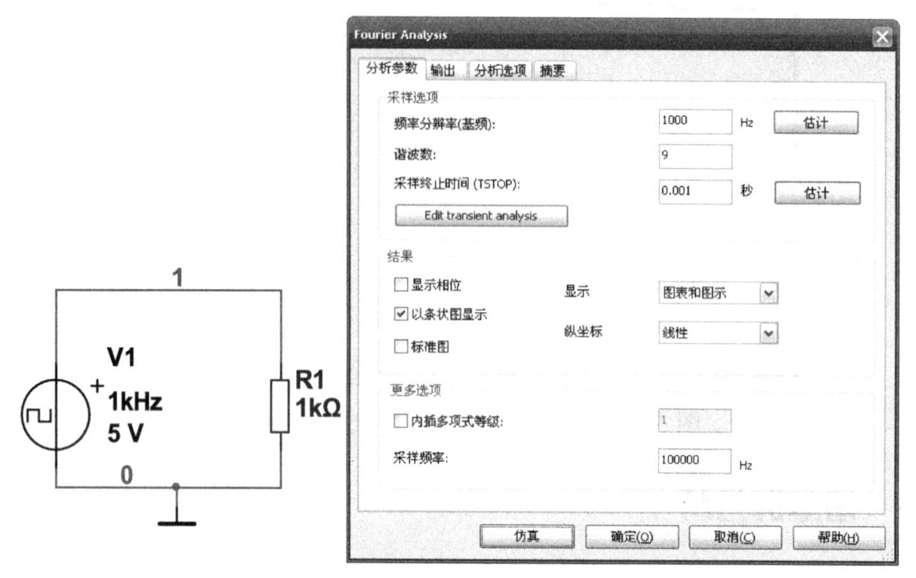


图 5.11　傅里叶分析电路及参数设置对话框

③ 采样终止时间：指设置取样的时间长短，这取决于基频的频率大小，一般取基频周期的 10 倍就可以了，当然设置取样的时间长一些也是可以的。

（4）完成上面的设置就可以单击“仿真”按钮进行分析了，如果希望显示的结果是线性刻度或是对数刻度的，可以在图 5.11 所示的对话框中的“结果”栏内进行设置。图 5.12 所示为一频率为 1kHz、占空比为 50%的方波的分析结果。

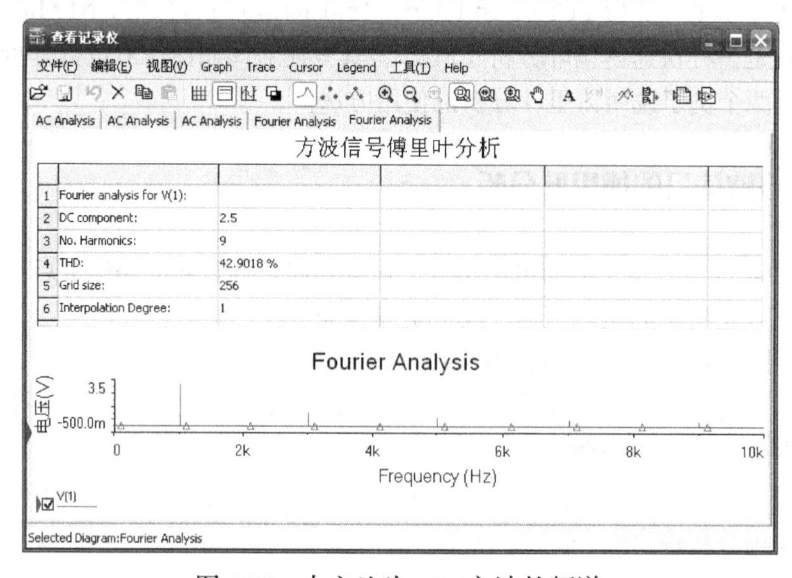


图 5.12　占空比为 50%方波的频谱

### 5.4.2　调幅信号频谱的分析

调幅信号的频谱由一个载波及上、下边带构成，在对调幅信号进行傅里叶分析时，应将其基频设为载波、上边带和下边带 3 个频率的最小公因数，如调制信号为 1kHz，载波频率为 100kHz，已调波（即 AM 波）的频率成分为 99kHz、100kHz、101kHz 3 个频率点,则基频选择为 1kHz，谐波次数设置为 102，图 5.13 所示为该 AM 波形的频谱图。

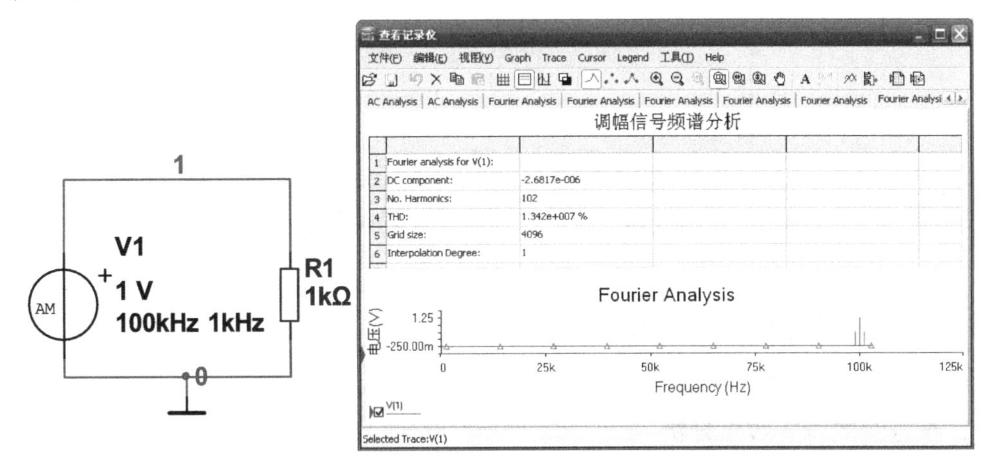


图 5.13　幅度调制的频率频谱

## 5.5　直流扫描分析

直流扫描分析是计算各节点直流工作点随电路中直流电压源电压变化的情况，通过分析可以观察电源电压发生变化时直流工作点的变化情况，从中找出最佳的工作电压。

**注意**

数字电路在 DC 扫描时看做高阻接地。

### 5.5.1　直流扫描分析的参数设置

选择“仿真”→“分析”→“DC Sweep”选项，即可得到图 5.14 所示为直流扫描参数设置对话框，其设置比较简单，只需设置直流电源的电压变化范围的起点、终点及扫描点的增量。如果有两个电压源，可以分别进行参数设置。

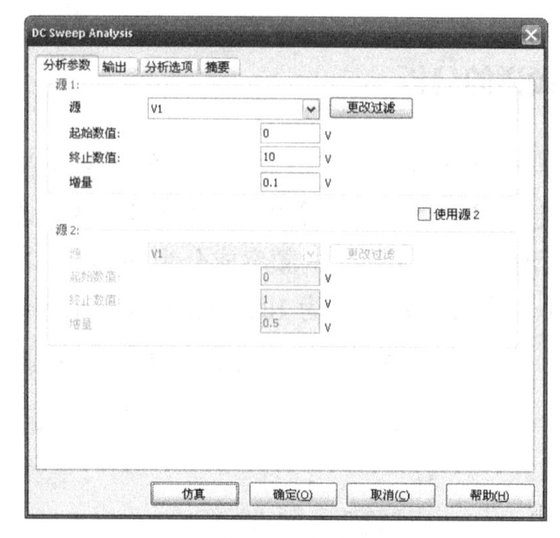


图 5.14　直流扫描参数设置对话框

## 5.5.2　直流扫描分析的应用举例

### 1．稳压管的稳压效果分析

图 5.15 所示为一个稳压二极管构成的简单稳压电路，稳压管型号为 1N5591B，稳压值为 4.36V，通过图 5.14 所示的参数设置对话框，对输入电压进行扫描分析，可以观察到如图 5.15 所示的稳压效果。

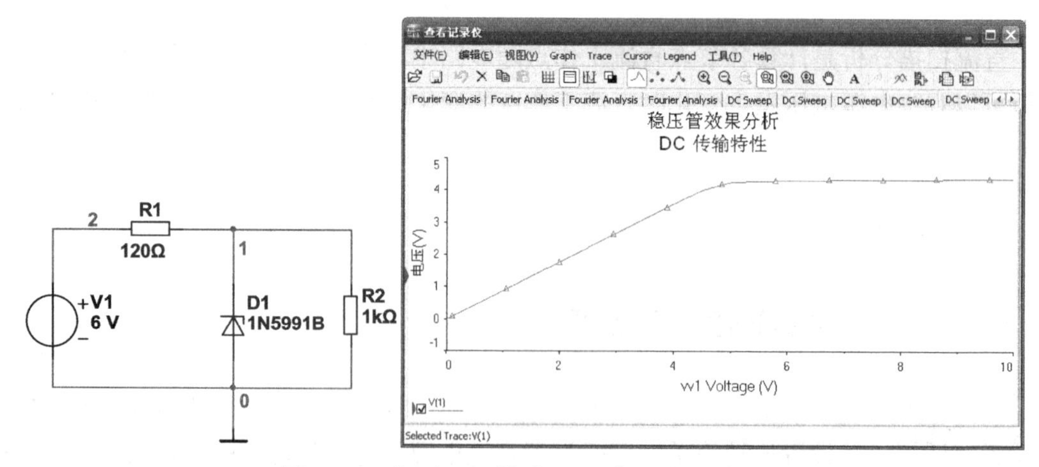


图 5.15　稳压二极管稳压电路及稳压效果

### 2．晶体三极管的输出特性曲线分析

图 5.16 所示为共射单管放大器电路，通过对基极电压和发射极电压的共同扫描，分析节点 4 的电压可以观察晶体三极管的输出特性曲线。基极和发射极的电压变化参数设

置如图 5.16 所示。

图 5.17 所示为 2N3416 三极管的输出特性曲线。

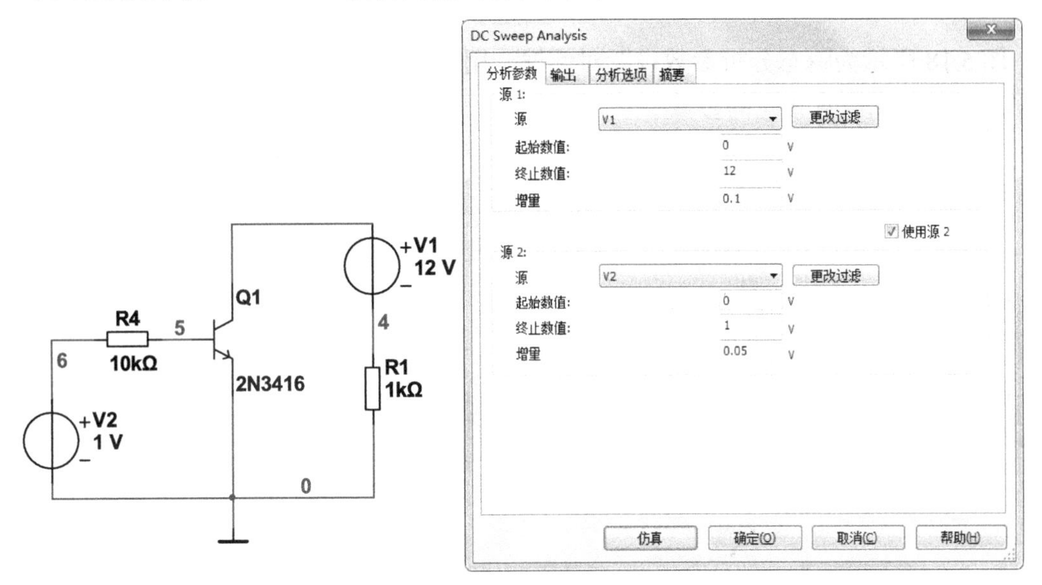


图 5.16　晶体三极管共射放大电路及参数设置对话框

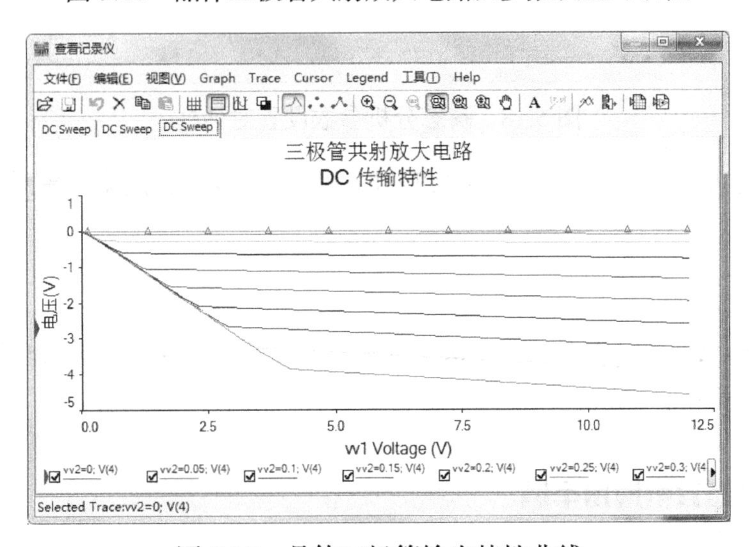


图 5.17　晶体三极管输出特性曲线

## 5.6　瞬态分析

瞬态分析是分析电路各节点响应与时间的关系，即电路中电信号时域的变化规则。瞬态分析可以观察周期性信号的瞬间变化规律，也可以分析非周期信号或瞬间信号的变化规律。周期性信号的瞬态分析一般可以使用默认的瞬间分析的参数设置，而非周期信号的分析一般采用自定义分析参数。

### 5.6.1 瞬态分析的参数设置

图 5.18 所示为瞬态分析参数设置对话框，用户可以根据实际信号的频率和需要观察信号的时间段来设置相应的参数。

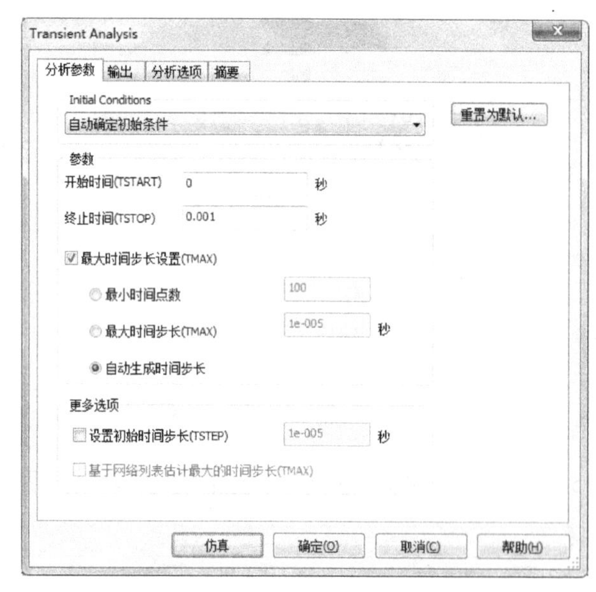


图 5.18　瞬态分析参数设置对话框

瞬态分析主要有“开始时间”和“终止时间”两个参数，用来设置瞬态分析的起止时间。

**注意**

对于一些如电容充放电等瞬态单次信号的瞬态分析，需要在“初始环境”项中选择“用户自定义”模式。

### 5.6.2 瞬态分析应用举例

图 5.19 所示为 LC 三点式振荡器电路，当接通电源后振荡器电路利用正反馈使电路形成振荡。利用普通示波器一般无法观察到振荡器起振的过程，利用瞬态分析可以方便地观察到这种过渡过程。

图 5.20 所示为 LC 振荡器的起振过程，电路分析的参数如图 5.18 所示，分析输出节点为 2，即集电极输出。从图 5.20 所示的波形可以看出，当电源接通后，输出波形为一条直线，一段时间后因电路的不稳定因素，以及正反馈的共同作用下形成振荡，振荡的幅度越来越大，但频率基本一致。

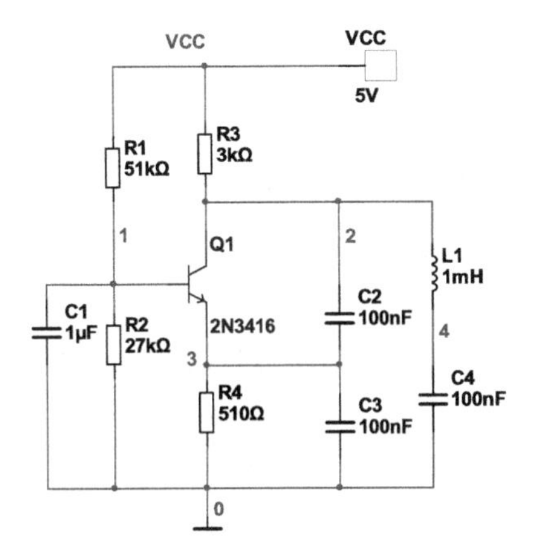


图 5.19　LC 三点式振荡器

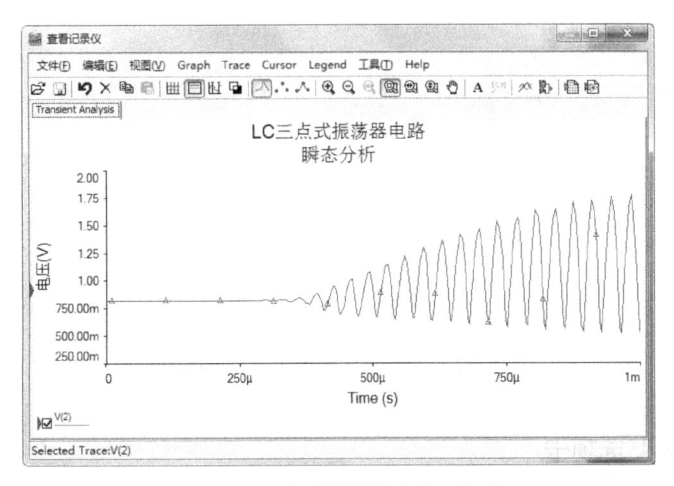


图 5.20　振荡器的起振波形

图 5.21 所示为 LC 振荡器振荡波形，电路的分析参数的“开始时间”为 10ms,“终止时间”为 11ms。从图中可以看出稳定后振荡器的输出波形幅度一致。

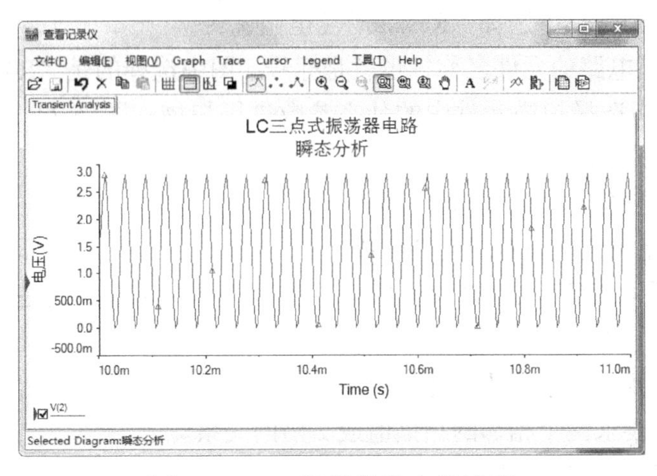


图 5.21　LC 振荡器稳定的波形

## 5.7　参数扫描分析

利用参数扫描可将电路中任何一个元件作为扫描对象，通过对元件的扫描，观察该元件参数对电路的影响。在参数设置中可以设置的元件参数有 3 个：起始值、终止值、变化的增量。图 5.22 所示为“参数扫描分析”对话框，它以图 5.19 所示的电路中 R4 作为扫描元件，通过分析可以观察发射极电阻对输出波形的影响。

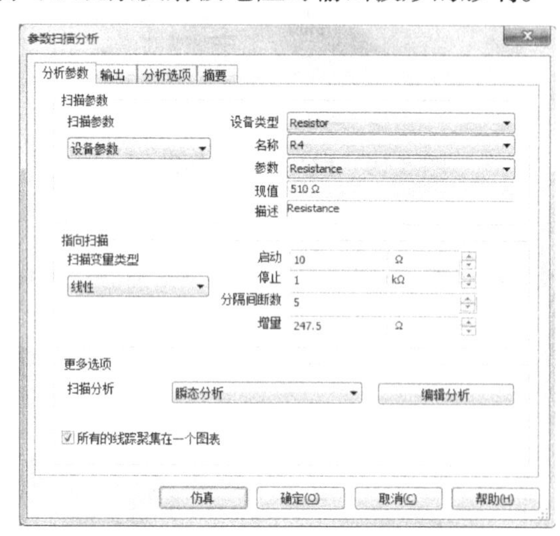


图 5.22　“参数扫描分析”对话框

### 1. “分析参数”选项卡

（1）在“扫描参数”中选择“设备参数”。该选项有“设备参数”和“模型参数”两种选择。“设备参数”是指元件的直接参数，如电阻的阻值等；“模型参数”是指构成器件的模型的参数，这些参数修改时需要在“模型编辑”界面中进行，如晶体三极管的$\beta$ 值。

（2）在“设备类型”中选择“Resistor”（电阻）。

（3）“名称”指电路的元件名称，也就是标号，图中选择的是“R4”。

（4）“参数”指选择扫描元件中的什么参数进行扫描，图 5.22 中选择的是对阻值（Resistance）进行扫描。

（5）“现值”是当前电路对应元件的值。

（6）“描述”是当前电路对应元件的描述。

（7）“扫描变量类型”指扫描的是参数在一定的范围内变化，还是将变化的参数直接列举出来进行扫描，有如下形式。

① “十频程”要求每个变化的数值成 10 倍的关系。

② “倍频程”要求两个相邻的扫描值成 2 倍的关系。

③ “线性”指在一定的范围内线性扫描。

④ “指令列表”要求取列表值进行扫描。

本例选择“线性”,“启动”设置为 10Ω,“停止”设置为 1kΩ,“分隔间断数”设置为 5,“增量”设置为 247.5Ω,如图 5.22 所示。

(6)“扫描分析”,可以选择参数扫描对何种分析产生影响,有如下形式。

① “直流工作点”指参数的结果对直流工作点的影响。

② “交流小信号分析”指参数的结果对交流分析的影响。

③ “瞬态分析”指参数的结果对瞬态分析的影响。

④ “嵌套扫描”。

### 2.“输出”选项卡

如图 5.23 所示,选择电路的变量是 V(2),即输出电压的变化。

图 5.23 “输出”设置对话框

### 3.“编辑分析”的设置

如图 5.24 所示,“开始时间”设置为 0.01 秒,“终止时间”设置为 0.011 秒。

图 5.24 “瞬态分析扫描”对话框

扫描结果如图 5.25 所示，其每条曲线分别对应于一个阻值情况下的输出波形。

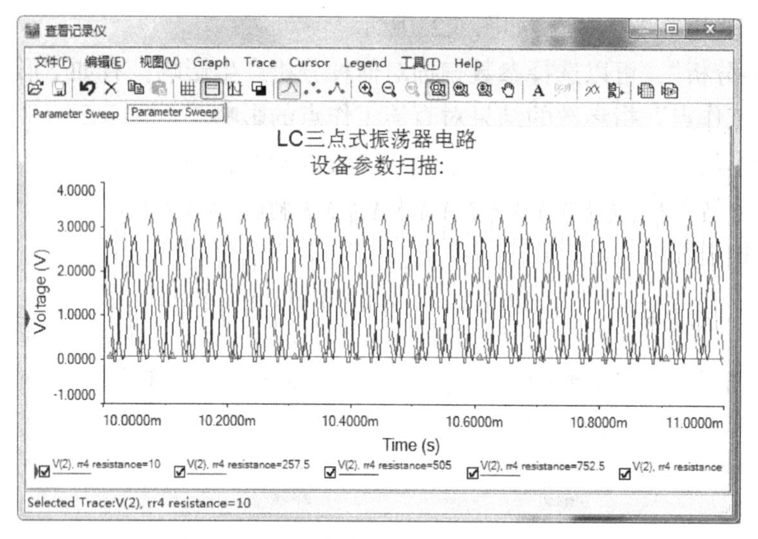


图 5.25　R4 变化对输出电压的影响

## 5.8　温度扫描分析

利用温度扫描分析可以快速检验温度变化对电路性能的影响。该分析相当于在实际产品检验中的温度变化实验，将电路放置在不同的温度中测试电路参数的变化。用户可以通过选择温度的开始值、结束值和增量值来控制温度的扫描分析。温度扫描分析适用于直流工作点分析、瞬态分析和交流分析。温度仅影响与温度有关的元件或模型。图 5.26 所示为“温度扫描分析”对话框。

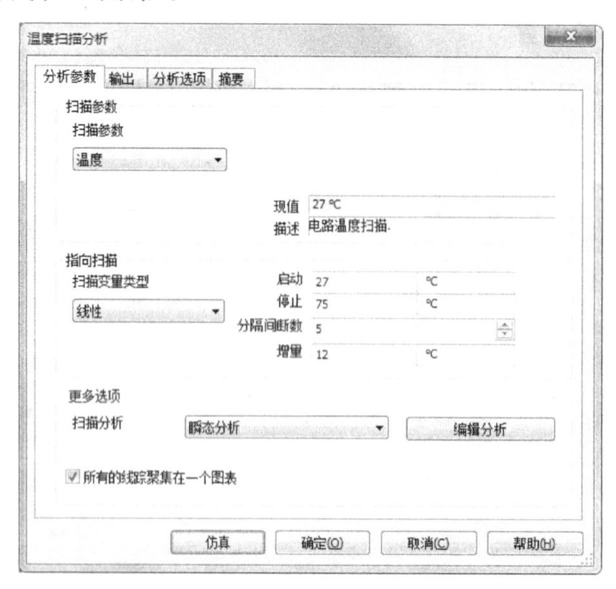


图 5.26　“温度扫描分析”对话框

# 习题

1. 要对一个晶体管放大器电路的直流工作状态进行分析应采用何种分析方法？

2. 使用什么分析方法可以快速调整电路中某元件的参数，使电路电压增益符合设计要求？

3. 用参数扫描方法分析图 5.7 所示的电路中 R2 为多大时，晶体三极管集电极直流电压为 6.5V。

4. 试找出图 5.19 所示的 LC 振荡器电路中 C4 为多大时，输出信号的频率为 20kHz。

5. 试用直流扫描分析方法观察图 5.27 所示的 CMOS 非门电路的电压转移特性曲线。

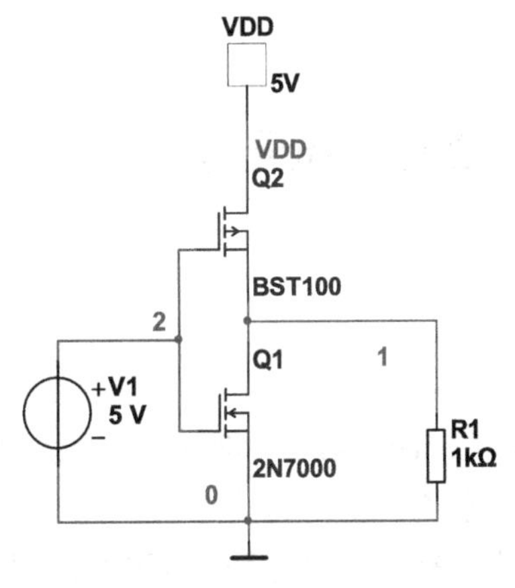


图 5.27　CMOS 非门电路

6. 图 5.28 所示为两级负反馈放大器电路，试用相应的分析方法分析反馈电阻 Rf 分别为 5.1kΩ、10kΩ和 15kΩ时放大器放大倍数的变化情况。

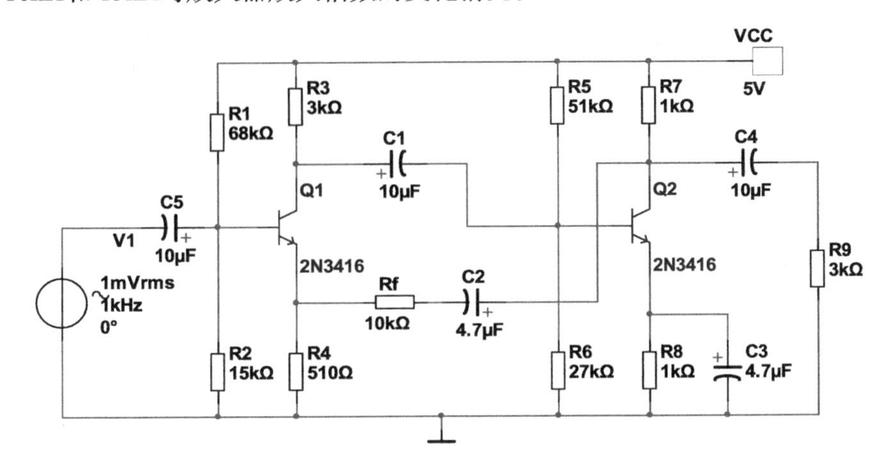


图 5.28　两级负反馈放大器电路

第6章

# 元 件

NI Multisim 11 将所有元件分为 17 大类，不同版本的 NI Multisim 11 软件的元件数有所不同，用户还可以利用软件自己添加元件。本章介绍 NI Multisim 11 软件本身提供的元件及添加新元件的方法。

## 6.1 NI Multisim 11 软件系统元件

### 6.1.1 电源信号源库

电源信号源提供了直流电压源(电池)、接地端、正弦交流电压源、方波（时钟）电压源、压控方波电压源、乘法器等多个系列的信号源。这些元件都是虚拟元件，可以通过设置对话框对这些信号源进行设置，这些信号源可以满足电路基础、模拟电子线路、数字电子线路及通信技术等课程的实验需要。图 6.1 所示为电源信号源库。

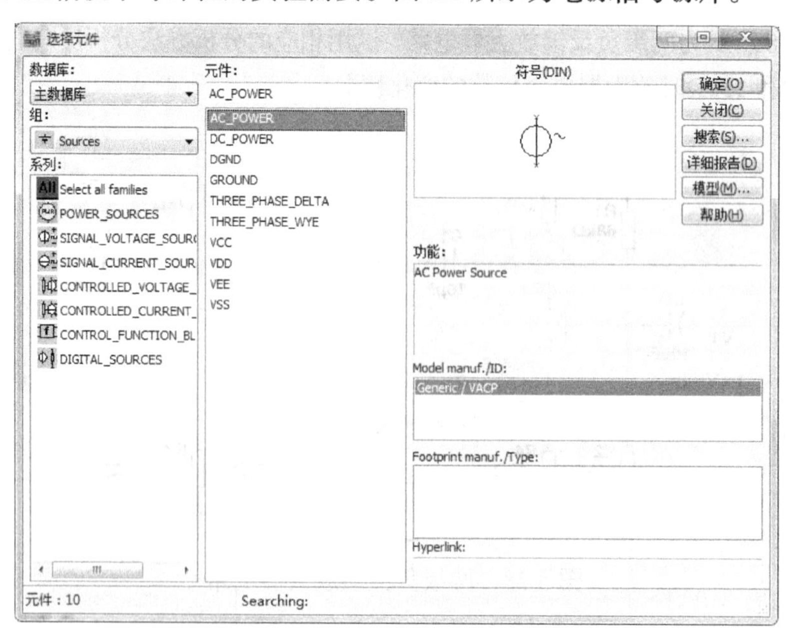


图 6.1　电源信号源库

### 6.1.2　基本元件库

基本元件库提供了电阻、电容、电感、电位器、可变电容、可变电感、开关、继电器等共 17 大类常用的电子元件。图 6.2 所示为基本元件库。

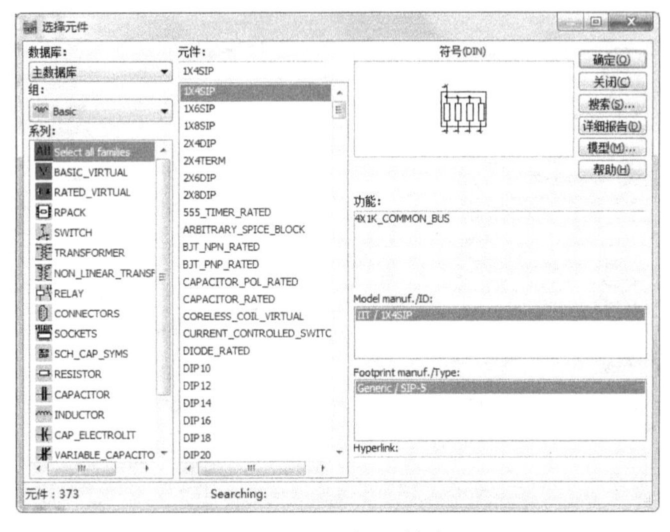


图 6.2　基本元件库

### 6.1.3　二极管库

二极管是一种常用的电子元件，NI Multisim 11 提供了普通二极管、虚拟二极管、稳压二极管、虚拟稳压二极管、发光二极管、单向可控硅、双向可控硅、双向触发二极管、二极管整流桥、变容二极管等 11 种二极管系列。图 6.3 所示为二极管元件库。

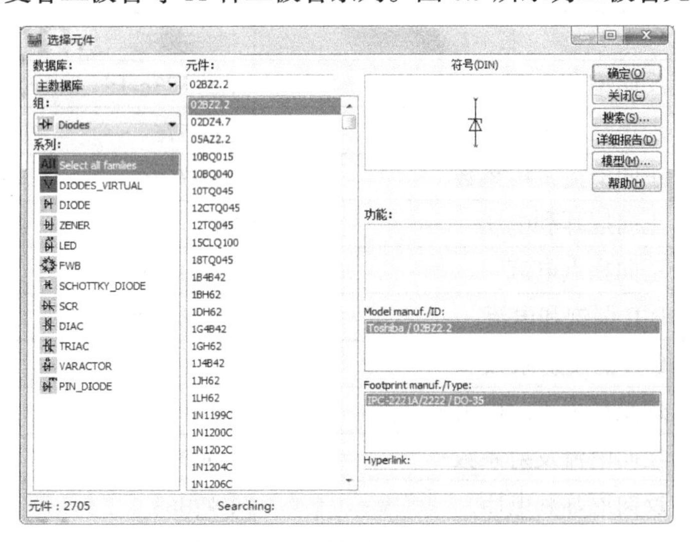


图 6.3　二极管元件库

## 6.1.4 晶体管库

图 6.4 所示为晶体管元件库，包括 NPN、PNP 双极型三极管（BJT）、结型场效应管（JFET）和金属氧化物绝缘栅场效应管（MOS FET）等半导体元件。

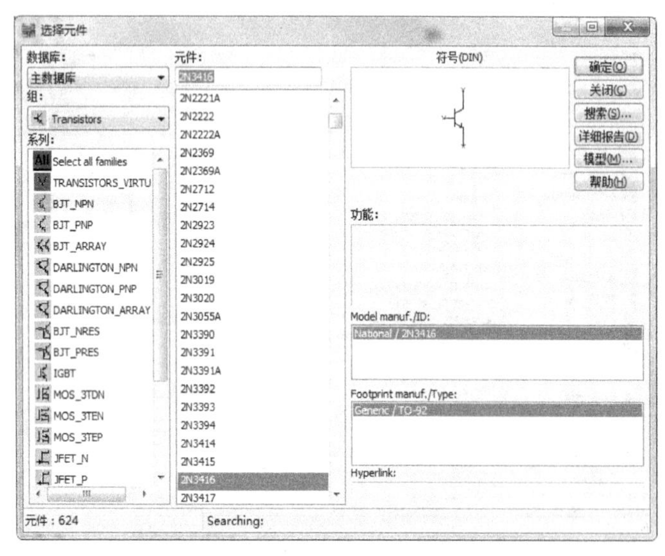


图 6.4　晶体管元件库

双极性三极管提供了单管型的标准晶体管、复合管、大功率晶体管等众多类型，可以满足一般电子电路的仿真需要。表 6.1 给出了晶体三极管 2N2222 的模型参数及各变量的描述。

**表 6.1　晶体三极管 2N2222 的模型参数**

| 变　量 | 名　称 | 数　值 | 单　位 |
|---|---|---|---|
| $I_S$ | 反向饱和电流 | 1.87573e-15 | A |
| $B_F$ | 理想最大正向电流增益$\beta_F$ | 153.575 | |
| $N_F$ | 正向电流发射系数 | 0.897646 | |
| $V_{AF}$ | 正向厄耳利电压 | 10 | V |
| $I_{KF}$ | 正向拐点电流 | 0.410821 | A |
| $I_{SE}$ | B-E 漏饱和电流 | 3.0484e-09 | A |
| $N_E$ | B-E 漏发射系数 | 4 | |
| $B_R$ | 理想最大正向电流增益$\beta_R$ | 0.1 | |
| $N_R$ | 反向电流发射系数 | 1.00903 | |
| $V_{AR}$ | 反向厄耳利电压 | 1.92063 | V |
| $I_{KR}$ | 反向拐点电流 | 4.10821 | A |

续表

| 变 量 | 名 称 | 数 值 | 单 位 |
|---|---|---|---|
| $I_{SC}$ | B-C 漏饱和电流 | 1.94183e-12 | A |
| $N_C$ | B-C 漏发射系数 | 3.92423 | |
| $R_B$ | 基极电阻（基区扩散电阻） | 8.70248 | Ω |
| $I_{RB}$ | 基极电阻降为 $R_{BM}$ 一半时的电流 | 0.1 | A |
| $R_{BM}$ | 最小基极电阻 | 0.1 | Ω |
| $R_E$ | 发射极电阻 | 0.111394 | Ω |
| $R_C$ | 集电极电阻 | 0.556972 | Ω |
| $X_{TB}$ | $\beta_F$ 和 $\beta_R$ 的温度系数 | 1.76761 | |
| $X_{TI}$ | $I_S$ 的温度系数 | 1 | |
| $E_G$ | 禁带宽度 | 1.05 | eV |
| $C_{JE}$ | 零偏压 B-E 结势垒电容 | 1.67272e-11 | F |
| $V_{JE}$ | B-E 结接触电势 | 0.83191 | V |
| $M_{JE}$ | B-E 结梯度系数 | 0.23 | |
| $T_F$ | 正向渡越时间 | 3.573e-10 | s |
| $X_{TF}$ | $T_F$ 随偏置变化的系数 | 0.941617 | |
| $V_{TF}$ | $T_F$ 随 $V_{BC}$ 变化的电压系数 | 9.22508 | |
| $I_{TF}$ | 影响 TF 的大电流参数 | 0.0107017 | A |
| $C_{JC}$ | 零偏压 B-C 结势垒电容 | 9.98785e-12 | F |
| $V_{JC}$ | B-C 结接触电势 | 0.760687 | V |
| $M_{JC}$ | B-C 结梯度系数 | 0.345235 | |
| $X_{CJC}$ | $C_{bc}$ 接到内部 $R_b$ 的部分 | 0.9 | |
| $F_C$ | 正向偏压势垒电容系数 | 0.49264 | |
| $C_{JS}$ | 零偏压集电极-衬底结电容 | 0 | F |
| $V_{JS}$ | C-S 结接触电势 | 0.75 | V |
| $M_{JS}$ | C-S 结梯度系数 | 0.5 | |
| $T_R$ | 反向渡越时间 | 3.55487e-06 | s |
| $P_{TF}$ | 在 $f=1/(2\pi T_F)$Hz 时超前相移 | 0 | ° |
| $K_F$ | 闪烁噪声系数 | 0 | |
| $A_F$ | 闪烁噪声指数 | 1 | |

### 6.1.5 模拟集成电路库

图 6.5 为模拟集成电路库，共有运算放大器、电流差分运算放大器（简称电流差分运

放）、宽带放大器、比较器等类型。

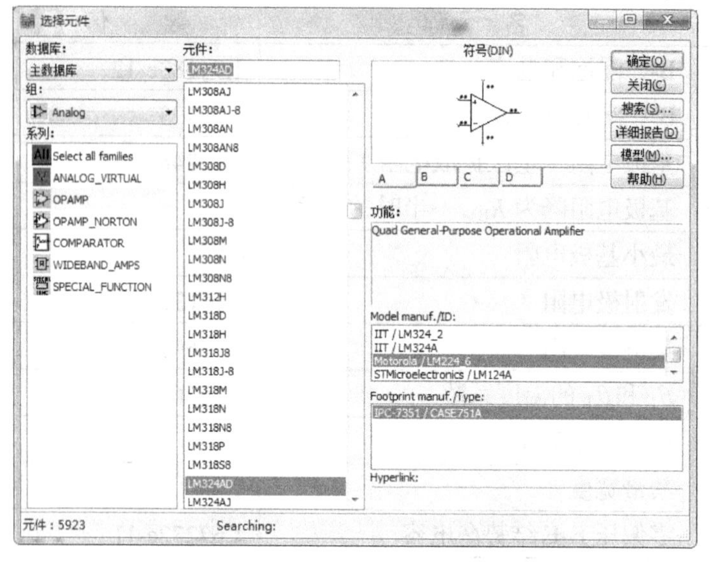


图 6.5　模拟集成电路库

## 6.1.6　TTL 集成电路库

NI Multisim 11 提供了 74STD、74S、74LS、74F、74ALS、74AS 等 9 个系列的 TTL 集成电路器件（图 6.6）。其中部分型号有：74LS00、74LS02、74LS03、74LS04、74LS05、74LS08、74LS09、74LS107、74LS109、74LS10、74LS112、74LS113、74LS114、74LS11、74LS125、74LS126。

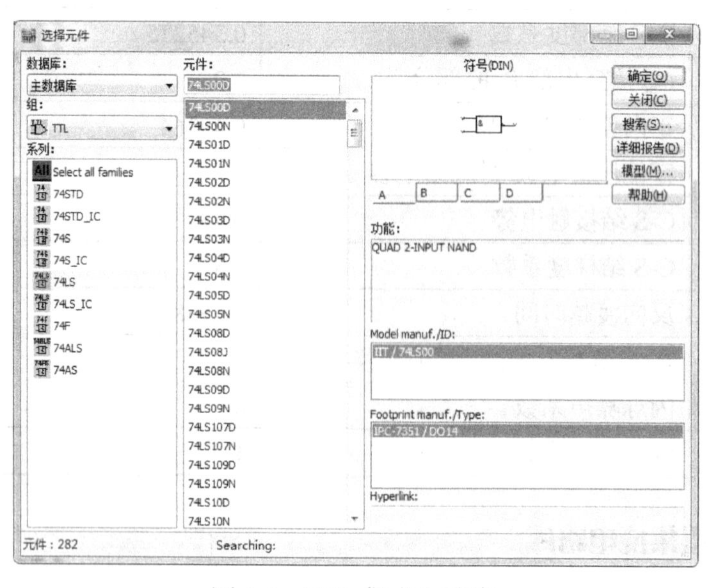


图 6.6　TTL 集成电路库

### 6.1.7 CMOS 集成电路库

CMOS 是数字电路中使用较为广泛的集成电路，通常 CMOS 电路分为 4×××系列和 74HC 系列，其中 4×××系列集成电路电源电压可工作在 3 ~ 18V 之间，而 74HC 系列的电源电压为 2 ~ 6V。图 6.7 为 CMOS 数字集成电路库，CMOS 数字集成电路 4×××系列和 74HC 系列各有 3 种不同的电源工作电压

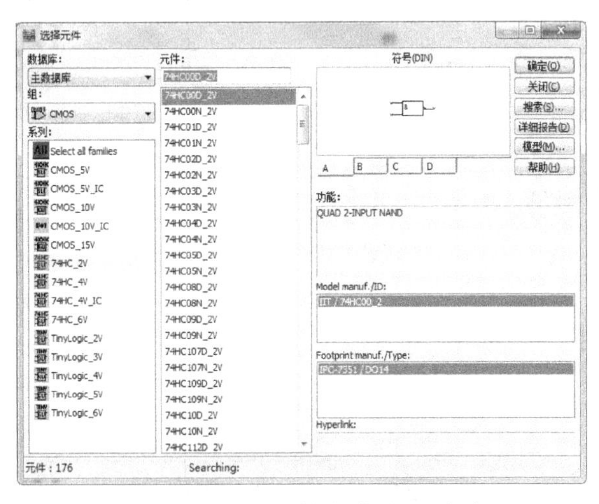


图 6.7 CMOS 数字集成电路库

74HC 与 74 系列的 TTL 系列集成电路，当序号相同时其逻辑功能也相同，但由于电源电压和对输入端的处理不一样，故尽管功能一样也不能直接替换。

### 6.1.8 数字集成电路库

图 6.8 所示为数字集成电路库，它列出了 TIL、DSP、FPGA、PLD、CPLD 等 11 种元件。

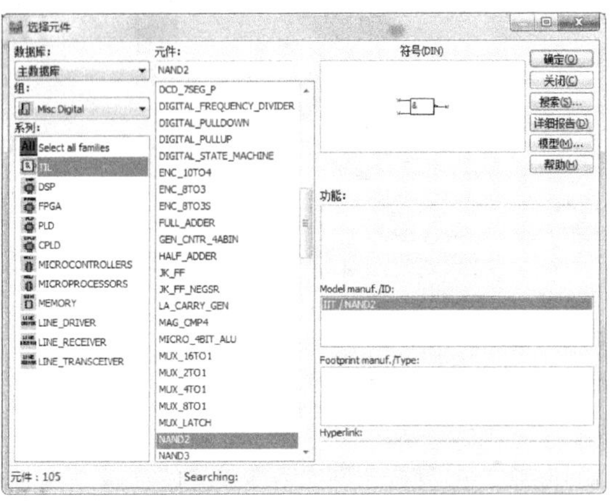


图 6.8 数字集成电路库

## 6.1.9 混合芯片库

混合芯片元件是指输入/输出中既有数字信号又有模拟信号的元件，常用的混合芯片元件有 ADC/DAC、555 定时器、模拟开关等，图 6.9 所示为混合芯片库。

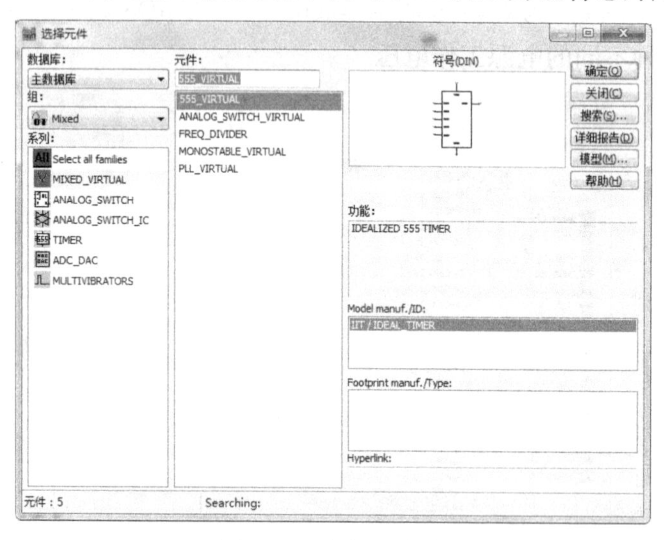


图 6.9 混合芯片库

## 6.1.10 指示元件库

图 6.10 所示为指示元件库，共有电压表、电流表、灯泡、七段数码管、条式指示器、虚拟灯泡和蜂鸣器等多种器件。

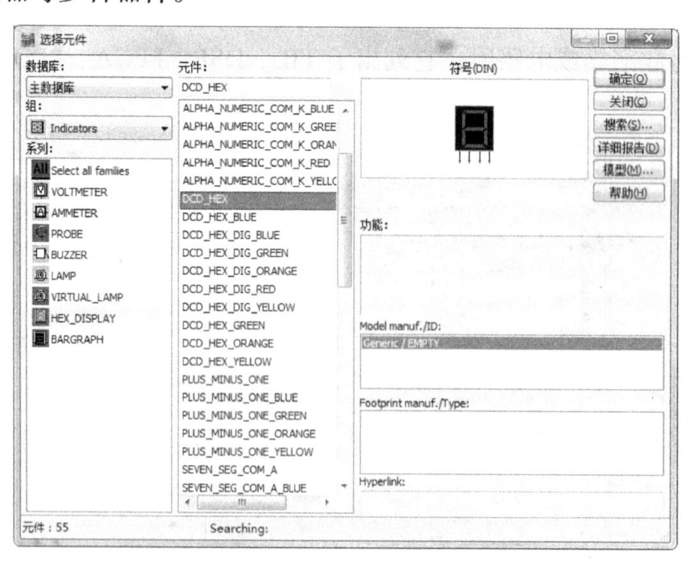


图 6.10 指示元件库

## 6.1.11 电源器件库

电源器件库包含有三端稳压器、PWM 控制器等多种电源器件。电源器件库如图 6.11 所示。

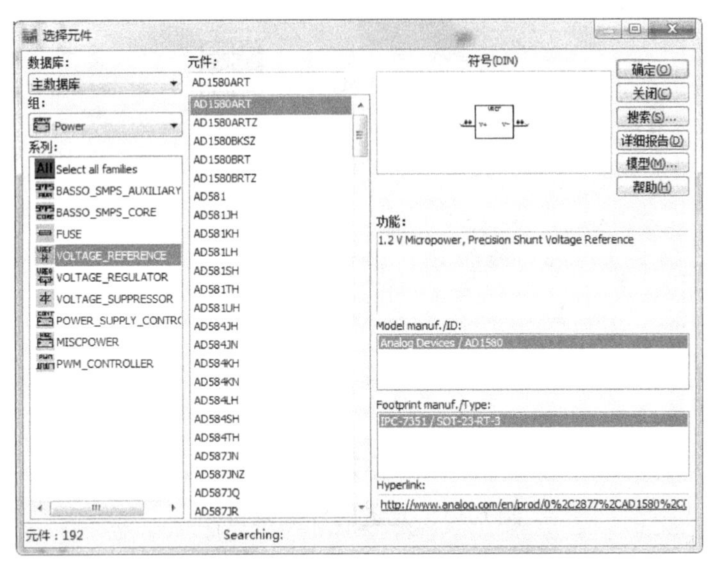


图 6.11　电源器件库

## 6.1.12 其他器件库

其他器件库主要包括晶振、滤波器、熔断丝、光电耦合器等多种器件，如图 6.12 所示。

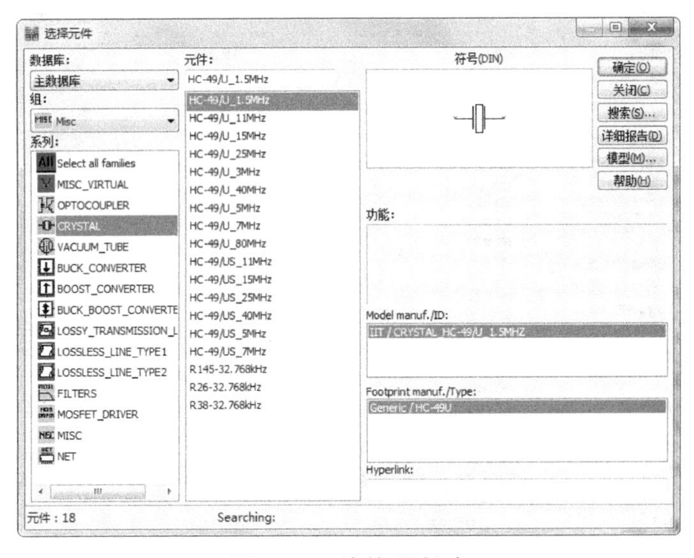


图 6.12　其他器件库

## 6.1.13　先进的外围设备库

先进的外围设备库主要有键盘、LCD 等多种器件，如图 6.13 所示。

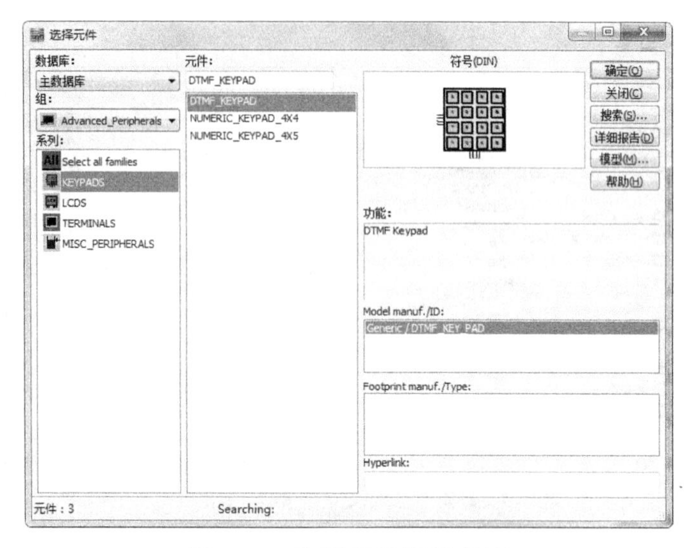


图 6.13　先进的外围设备库

## 6.1.14　射频元件库

在电路进行高频仿真时 Spice 模型的仿真结果与实际电路的结果有较大的差别，Multisim 软件提供了一些专门用于进行 RF 分析的元件模型，如 RF 电容、RF 电感、RFNPN 三极管、RF PNP 三极管和微带线等 RF 元件。图 6.14 所示为 RF 元件库。

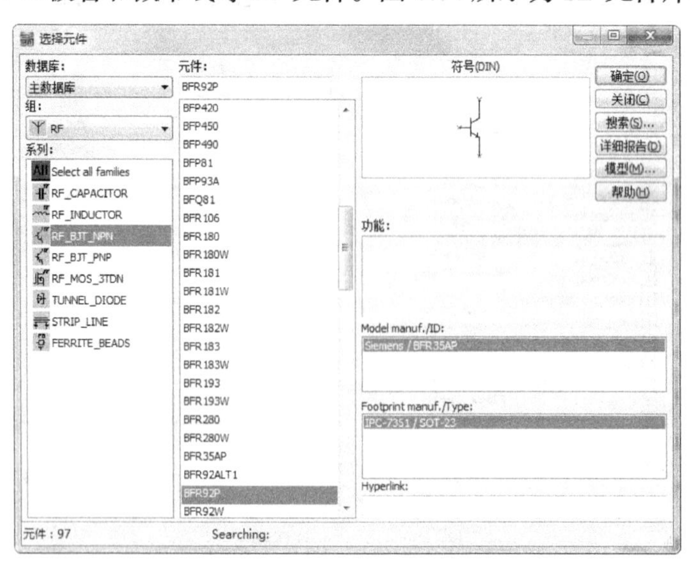


图 6.14　RF 元件库

### 6.1.15 机电类元件库

机电类元件是指一些电工类的开关元件。图 6.15 所示为机电类元件库，共有敏感开关、瞬间开关、联动开关、定时开关、线圈及继电器、线性变压器、保护器件、输出器件等。

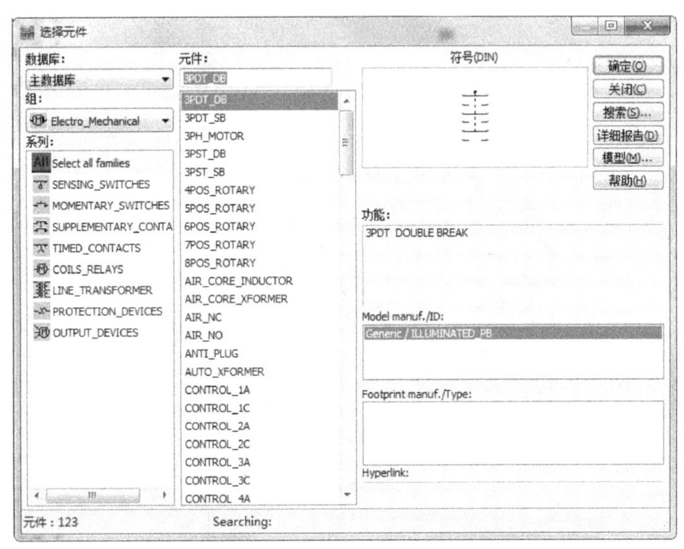


图 6.15　机电类元件库

### 6.1.16 NI 元件库

NI 元件库主要包含有 68、50 脚插座等器件，如图 6.16 所示。

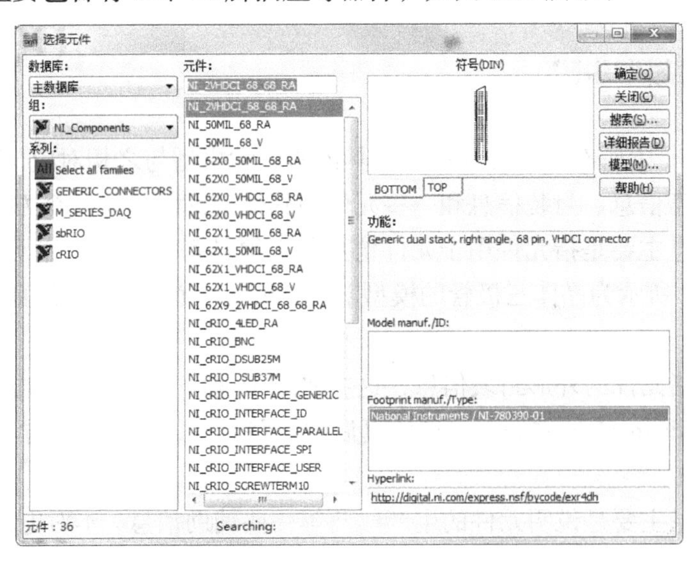


图 6.16　NI 元件库

### 6.1.17 微控制器器件库

微控制器器件库包括 8051、PIC 等多种微控制器，如图 6.17 所示。

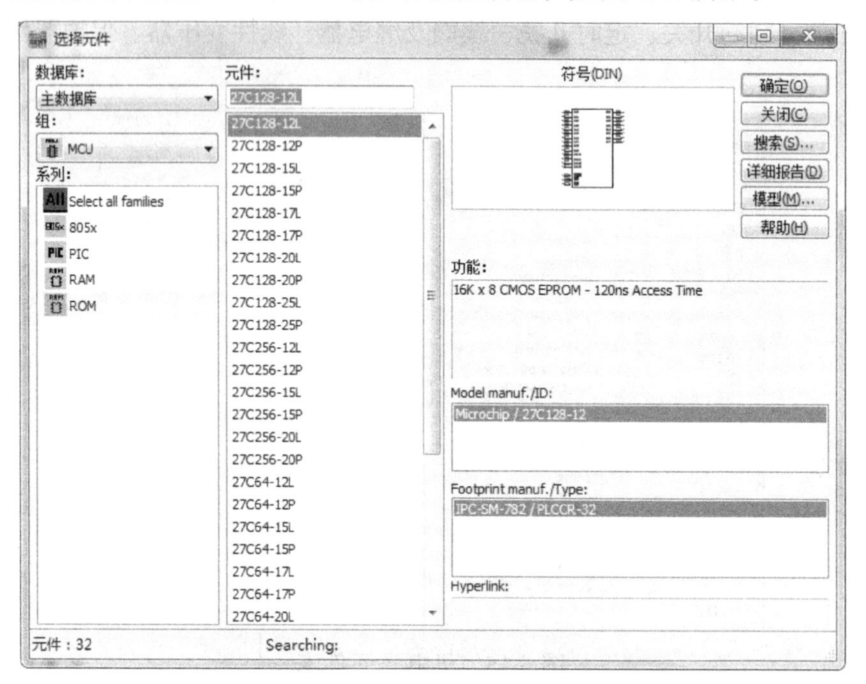


图 6.17 微控制器器件库

## 6.2 元件模型的建立方法

### 6.2.1 元件模型说明

NI Multisim 11 中所有的元件都有一个具体的数学模型与之相对应，这个模型信息包括器件的仿真模型信息、封装信息和一些元件的其他辅助信息等几个方面。

仿真模型信息主要是指元件用于元件仿真所必须具备的信息，如元件符号、元件的仿真模型（表 6.2 所示为晶体三极管的模型），这些信息就已经具有仿真所需要的所有功能了。

封装信息是指元件的外形封装信息，这主要用于进行 PCB（印制电路板）走线时使用，使用 NI Multisim 11 软件进行原理仿真后的电路，可以将电路图导出到 PCB 设计软件进行走线。

其他辅助信息主要是说明元件的生产厂商等一些辅助信息，不对电路仿真和 PCB 走线产生影响。

### 6.2.2　元件编辑器简介

NI Multisim 11 元件编辑器允许用户修改和保存系统元件数据库中的任何元件。例如，系统提供的某一元件的封装形式不是用户需要的封装形式，这时用户可以复制该元件的全部信息，然后修改该元件的封装信息，从而建立一个新的元件。也可以建立自己的元件库，将其放入元件数据库中。

创建新元件的简单方法是利用 NI Multisim 11 元件编辑器修改现有的、类似的元件，而不是重新建立一个全新的元件。

### 6.2.3　元件库编辑的一般步骤

#### 1. 编辑现有的元件

（1）双击该元件，在弹出的对话框中单击“标签”选项卡，可以更改元件的“参考标识”名称，如图 6.18 所示。

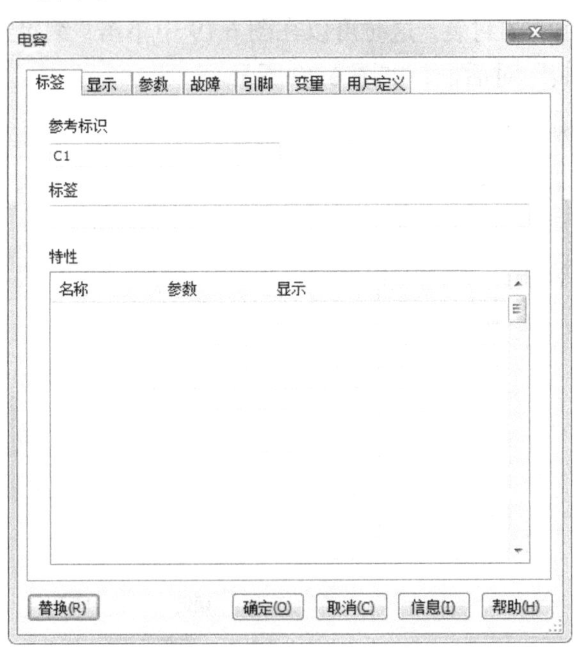


图 6.18　“标签”选项卡

（2）在图 6.18 中选择“参数”选项卡，可以更改元件的参数，如图 6.19 所示。

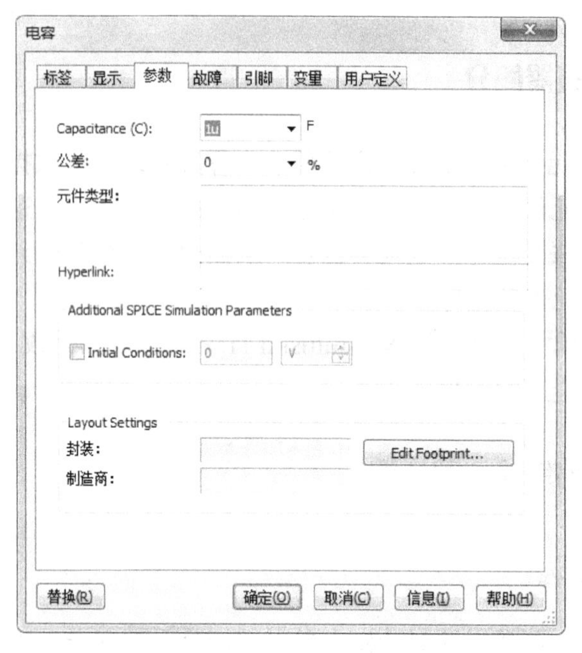


图 6.19　更改元件的参数

（3）如果要更改元件的封装，这时可以在图 6.19 中单击“编辑封装（Edit Footprint）”按钮，进入“编辑封装”对话框，如图 6.20 所示。

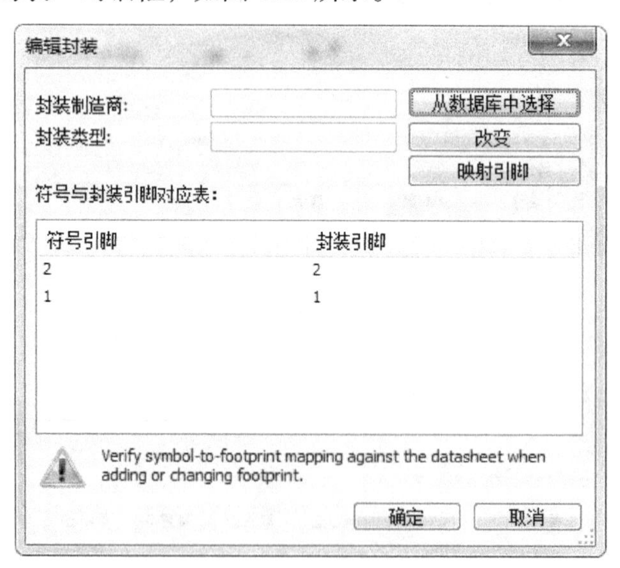


图 6.20　“编辑封装”对话框

（4）根据具体需要在相应的选项中进行选择，如图 6.21 所示。

## 2．创建一个新元件

执行“工具”菜单下的“元件向导”命令可以看到图 6.22 所示的对话框，从图中可知，建立一个新元件模型共有 8 步，具体的内容将在 6.3 节中详细说明。

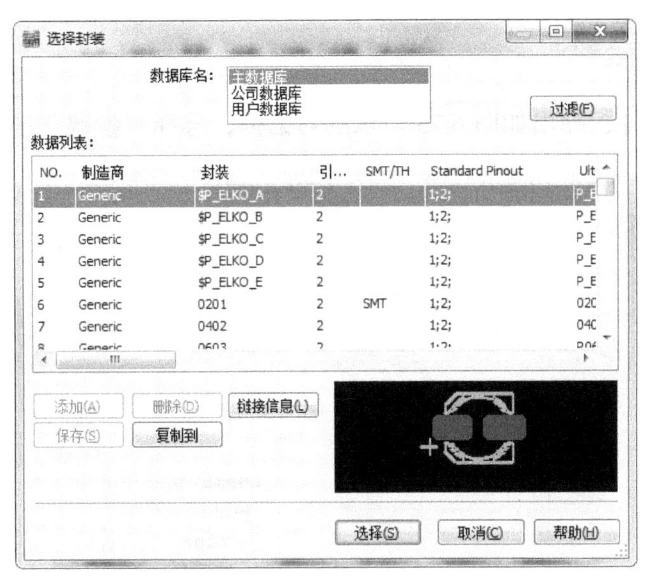


图 6.21　更改元件封装

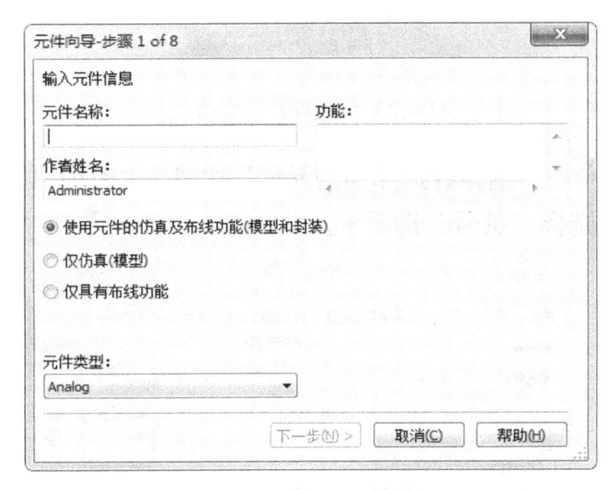


图 6.22　建立元件模型

### 3．删除一个已有的元件

NI Multisim 11 系统数据库中的元件无法被删除。这里所说的是指删除用户数据库中自己建立的元件，方法是：选择“工具”→“数据库”→“数据库管理”选项，在打开的对话框中选择需要删除的元件，就可以删除所选的元件了。

## 6.2.4　元件符号编辑

NI Multisim 11 中的有些符号不符合我国的国家标准，添加的元件原来没有图形符号，这时就需要进行新建或对原有的图形符号进行编辑修改。

## 1. 编辑元件符号

(1)双击该元件，弹出如图 6.23 所示的对话框，选择“参数”选项卡。

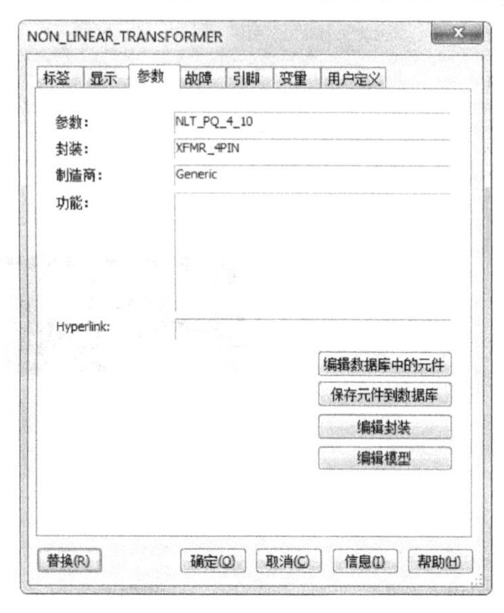


图 6.23 “参数”选项卡

(2)在图 6.23 中单击“编辑数据库中的元件”按钮，这时弹出“元件属性”对话框，如图 6.24 所示，这里选择“符号”选项卡。

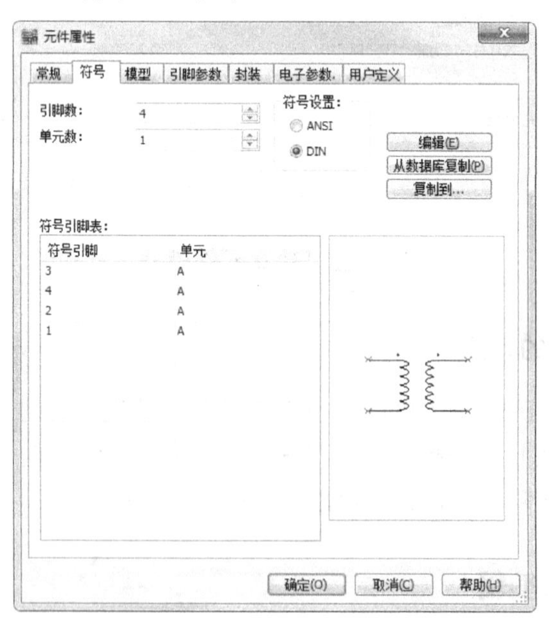


图 6.24 “元件属性”对话框

(3)在图 6.24 中单击“编辑”按钮，这时将弹出元件符号编辑界面，如图 6.25 所示。它可以完成编辑元件符号、复制某一元件的符号、新建一个符号等功能。

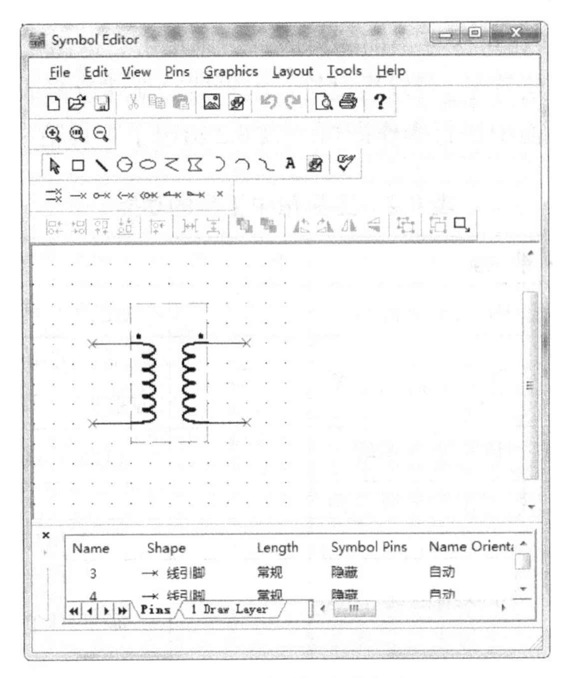


图 6.25 元件符号编辑界面

如果需要复制另一个元件的符号，操作步骤如下。

① 单击图 6.24 中的“从数据库中复制”按钮，会弹出如图 6.26 所示的对话框。

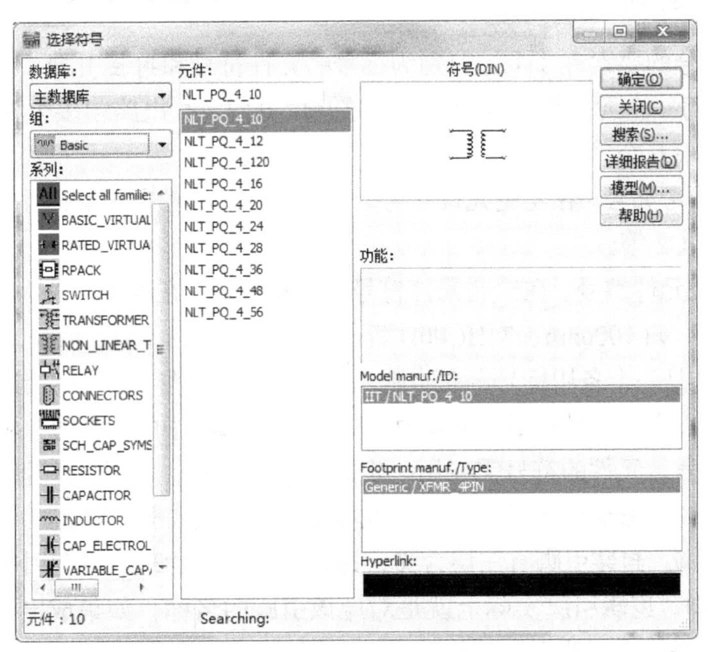


图 6.26 “选择符号”对话框

② 在图 6.26 中选择源符号的元件，然后单击“确定”按钮，这时被选中的符号出现在如图 6.25 所示的元件符号编辑界面中。

③ 单击“保存”按钮可保存当前的修改，否则单击“退出”按钮退出。

如果需要编辑或新建符号，可以通过符号编辑器来新建或修改符号，只需要在图 6.25 所示的元件符号编辑界面中进行操作即可。表 6.2 给出了工具箱中工具的功能。

表 6.2 工具箱中工具的功能

| 工具 | 功能描述 | 工具 | 功能描述 |
| --- | --- | --- | --- |
|  | 选择工具，用于选择符号 |  | 旋转工具，用于旋转选中的图形 |
|  | 矩形工具，用于绘制矩形图 |  | 圆形或椭圆形工具，用于绘制圆或椭圆 |
|  | 斜线工具，用于绘制斜线 |  | 直线工具，用于绘制直线 |
|  | 多边形工具，用于绘制三角形等多边形 |  | 弧线工具，用于绘制弧线 |
| A | 文本工具，可以给电路中添加文字 | —× | 添加单个输入/输出引脚 |

符号编辑器实际上是一个图形编辑软件，它可以方便地使用工具箱工具来绘制用户需要的图形，用工具栏中的工具调整其位置。

### 2. 元件符号的构成要素

组成元件符号的要素有 3 个，分别为标号、元件符号和封装引脚。

（1）标号。每一个元件都有 3 个标号，这是区分同一个电路中多个相同元件的方法。标号变量包括以下几个。

① 元件的参考编号。在绘制元件符号时自动形成，在绘制电路时由元件系列及序号来决定，如 R1、C2 等。

② 元件值或元件编号。在绘制元件符号时自动形成，在绘制电路时由元件大小或元件的编号来决定，如 100ohm、74HC00D 等。

③ 标号。这是一个备用标号，在绘制元件符号时自动形成，在绘制电路图时一般不显示，但用户可以在“元件参数”对话框的“标号”选项中的“标号”栏中输入。

（2）元件符号。元件的符号需要用一定的图形来表示，以便于识别它的一般信息，这种符号通常不同国家会有所不同，我国现在使用的电气符号的标准为 GB 4728。

（3）封装引脚。封装引脚有三层含义，即逻辑引脚、物理引脚和引脚的形状。

① 逻辑引脚。逻辑引脚实际上就是对应该引脚的名称，如集成电路中的 VCC 或 GND，这些名字是用来说明引脚功能的。

② 物理引脚。物理引脚是用来描述该引脚在封装中的具体位置的，如一个 16 脚封装的元件，它的选值范围为 1～16。物理引脚对仿真不产生影响，它只影响 PCB 的布线是否正确。

③ 引脚的形状。引脚的形状是用来描述引脚的功能和对应信号的特征。NI Multisim 11 中引脚的形状共有 7 种。表 6.3 给出了各种形状的具体含义。

表 6.3 NI Multisim 11 元件符号中引脚的含义

| 名称 | 形状 | 具体含义 | 名称 | 形状 | 具体含义 |
| --- | --- | --- | --- | --- | --- |
| 圆点 | ○— | 非逻辑信号，可以是输入也可以是输出 | 点状时钟 | <○— | 下降沿有效时钟输入 |
| 线 | — | 正信号，可用于输入/输出端 | 时钟 | <— | 上升沿有效时钟输入 |
| 零长度 | × | 终端引脚 | 反相输出 | ⊳— | 输出非逻辑，用于数字电路输出端 |
| 反相输入 | ⊲— | 输入非逻辑，用于数字电路输入 | | | |

用户修改引脚特性时，在元件编辑器最下面的作相应的修改即可，如选择“可见”选项来决定是否显示相应的引脚说明，如图 6.27 所示。

| Name | Shape | Length | Symbol Pins | Name Orientation | Name Font | Name Font St... | Name |
| --- | --- | --- | --- | --- | --- | --- | --- |
| 3 | →× 线引脚 | 常规 | 可见 | 自动 | Courier New | 常规 | 7 |
| 4 | →× 线引脚 | 常规 | 隐藏 | 自动 | Courier New | 常规 | 7 |
| 2 | →× 线引脚 | 常规 | 隐藏 | 自动 | Courier New | 常规 | 7 |
| 1 | →× 线引脚 | 常规 | 隐藏 | 自动 | Courier New | 常规 | 7 |

Pins　1 Draw Layer

图 6.27 引脚定义编辑

### 6.2.5 编辑元件模型

为了进行电路的仿真，构成电路中的元件必须具备数学模型。打开“元件属性”对话框中的“模型”选项卡，如图 6.28 所示。

从图 6.28 中可以看出，元件模型的编辑方法如下。

（1）建立新的模型。对应于图 6.28 中的“从元件添加”按钮。

（2）调用现有的模型文件。在图 6.28 中单击“添加/编辑”按钮，然后在弹出的对话框中单击“装入模型文件”按钮就可以调用已经写好的模型文件。

（3）复制其他元件的模型。在图 6.28 中单击“添加/编辑”按钮，然后再选择“从主数据库中”选择相应的模型，就可以将其他元件的模型调到当前元件中，后对模型参数进行适当的修改。

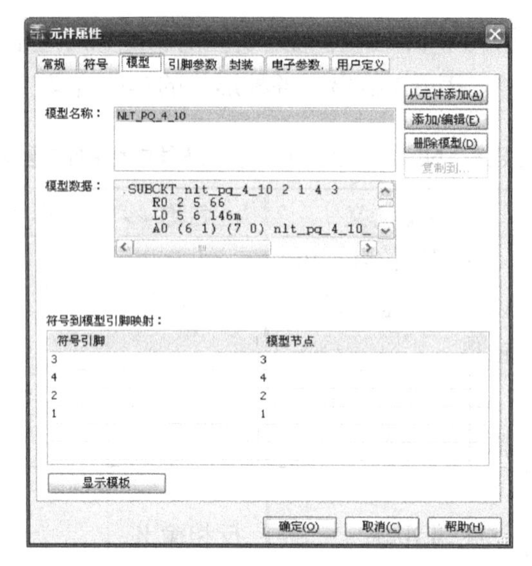


图 6.28 “模型”选项卡

## 6.3 新建元件库

新建元件库的步骤如下。

（1）执行“工具”菜单下的“元件向导”命令，弹出如图 6.29 所示的建立元件向导对话框，在对话框中的“元件名称”处输入“MAX410”；并选中“使用元件的仿真及布线功能（模型和封装）”单选按钮，“元件类型”可以选择“Analog（模拟）”或“Digital（数字）”，MAX410 为模拟运算放大器，所以选择“Analog（模拟）”，然后单击“下一步”按钮进入下一步。

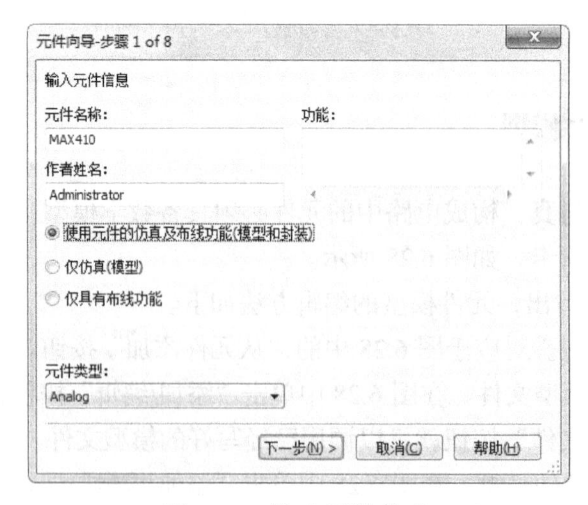


图 6.29 输入元件信息

（2）这时弹出如图 6.30 所示的对话框，在“封装类型”处输入封装类型为“MAX410”（用户也可以通过单击“选择封装”按钮，在打开的对话框中选择相应的标准封装型号），另外 MAX 410 中仅有一个单元，故选中“单元元件”单选按钮，输入引脚数为“5”（两个输入、一个输出、正负电源），单击“下一步”按钮进入下一步。

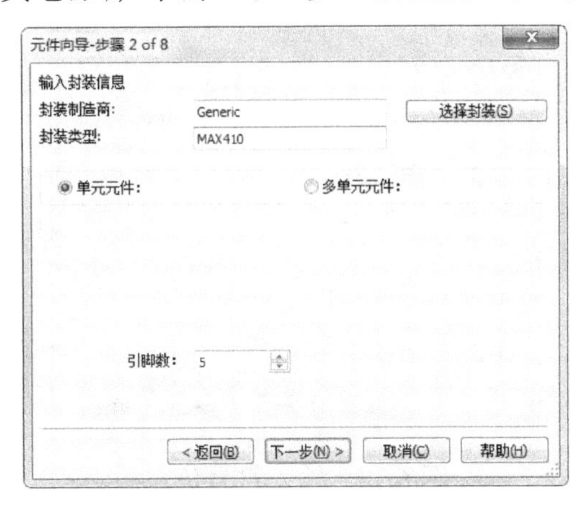


图 6.30 输入封装信息

这时弹出如图 6.31 所示的提示对话框，单击“是”按钮继续。

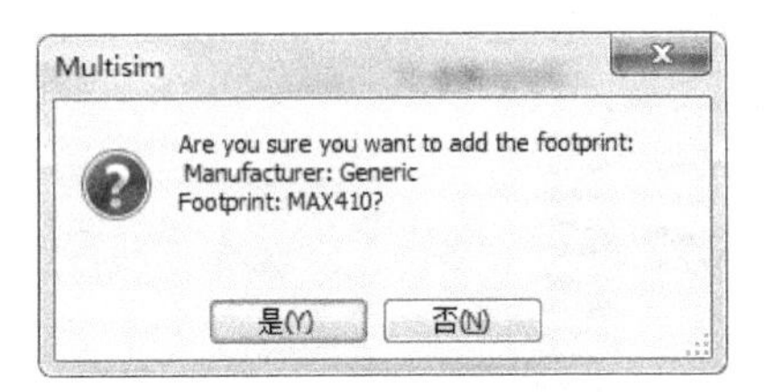


图 6.31 提示对话框

这时弹出如图 6.32 所示的对话框，这里默认为 SMT 封装，单击“确定”按钮。

添加封装
数据库名: 用户数据库
制造商: Generic
封装: MAX410
Ultiboard Footprint:
引脚数: 5
SMT/TH: SMT
Enable alpha-numeric BGA functionality
Alpha (Depth): 1
Numeric (Width): 1
封装引脚名字:

| NO. | 封装引脚 |
| --- | --- |
| 1 | 1 |
| 2 | 2 |
| 3 | 3 |
| 4 | 4 |
| 5 | 5 |

确定(O) 取消(C) 帮助(H)

图 6.32 “添加封装”对话框

（3）这时弹出如图 6.33 所示的对话框，图中给出了一个三输入、二输出的电路符号框，如果单击“编辑”按钮将进入符号编辑器窗口可以自已进行绘制符号。这里单击“从数据库复制”按钮，然后在弹出的对话框中选取运算放大器的符号，如图 6.34 所示。

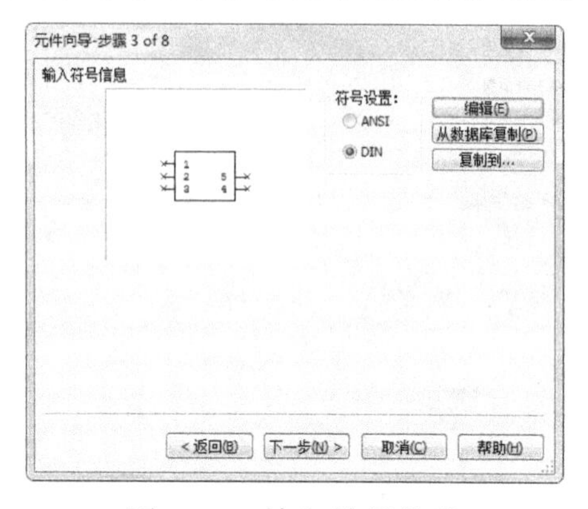


图 6.33　输入符号信息

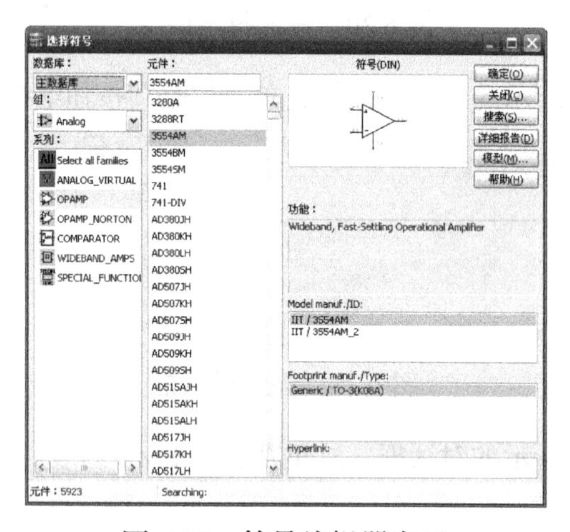


图 6.34　符号编辑器窗口

这时单击“确定”按钮后得到如图 6.35 所示的对话框，刚才选中的符号已经出现在该对话框中。

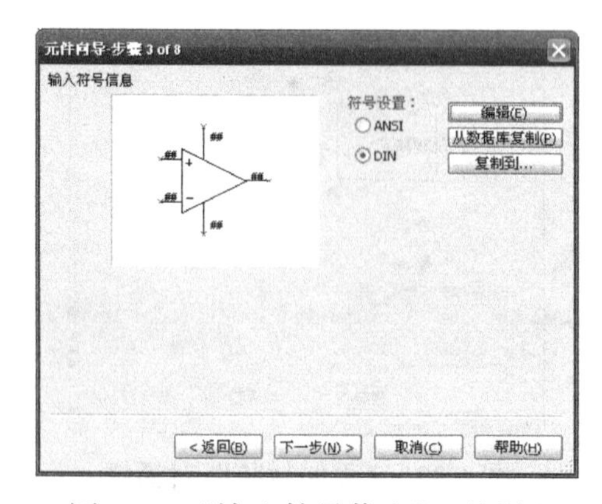


图 6.35　“输入符号信息”对话框

（4）单击“下一步”按钮得到如图 6.36 所示的对话框。

元件向导-步骤 4 of 8

设置引脚参数

引脚表：　添加隐藏引脚(A)　删除隐藏引脚(D)

| 符号引脚 | 单元 | 类型 | ERC 状态 |
|---|---|---|---|
| IN+ | A | PASSIVE | 包括 |
| IN- | A | PASSIVE | 包括 |
| VS- | A | PASSIVE | 包括 |
| VS+ | A | PASSIVE | 包括 |
| OUT | A | PASSIVE | 包括 |

< 返回(B)　下一步(N) >　取消(C)　帮助(H)

图 6.36　“设置引脚参数”对话框

将图 6.36 中的类型修改如图 6.37 所示的类型。

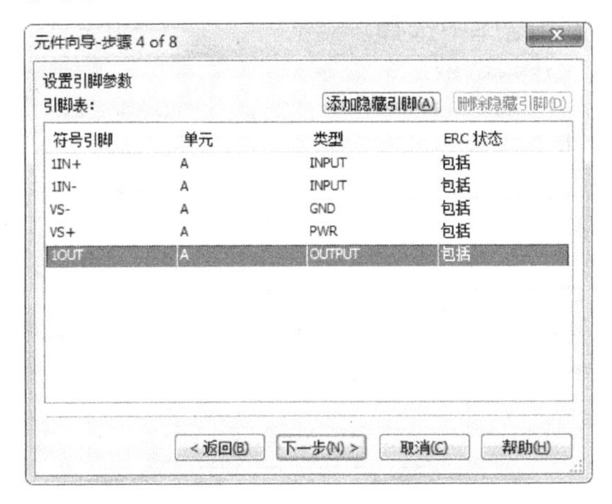


图 6.37　设置引脚参数

（5）单击“下一步”按钮得到如图 6.38 所示的对话框。

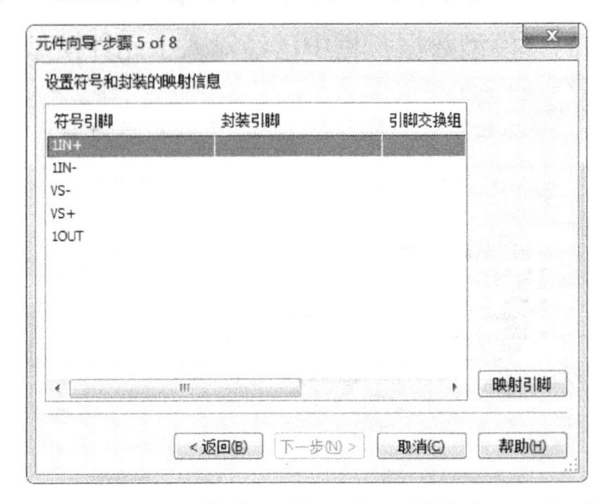


图 6.38　“设置符号和封装的映射信息”对话框

在图 6.38 中修改一下封装引脚，如图 6.39 所示，然后单击“下一步”按钮继续。

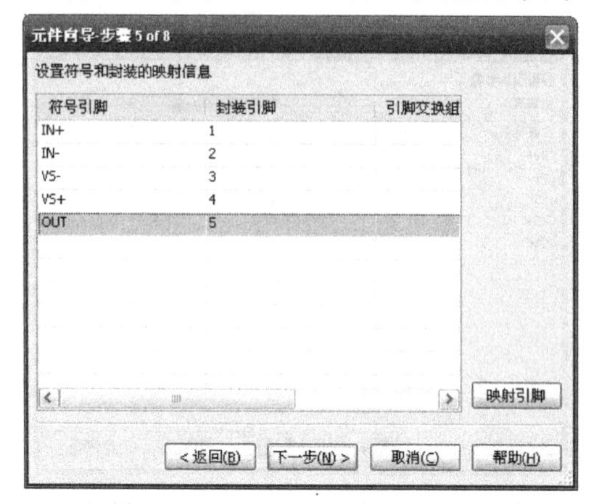


图 6.39　设置符号和封装的映射信息

（6）这时弹出如图 6.40 所示的对话框，这没有模型数据，可以从 3 个地方添加：制造模型、从文件加载、从数据库中选择。

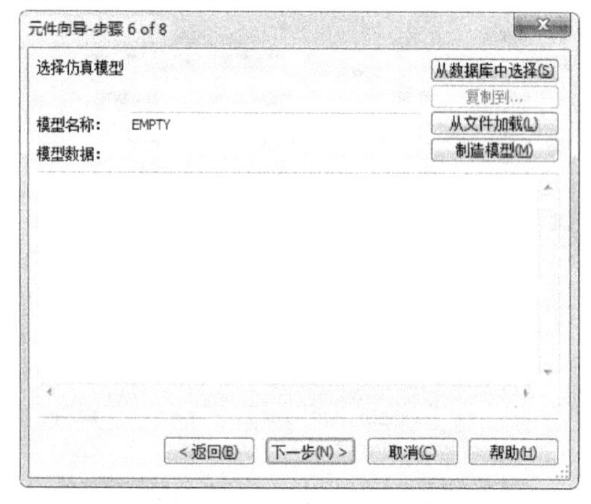


图 6.40　“选择仿真模型”对话框

这里单击“从数据库中选择”按钮，然后选取“LM324A_2”，添加模型数据后，如图 6.41 所示，原来空白的“模型数据”栏中已经输入了元件模型。

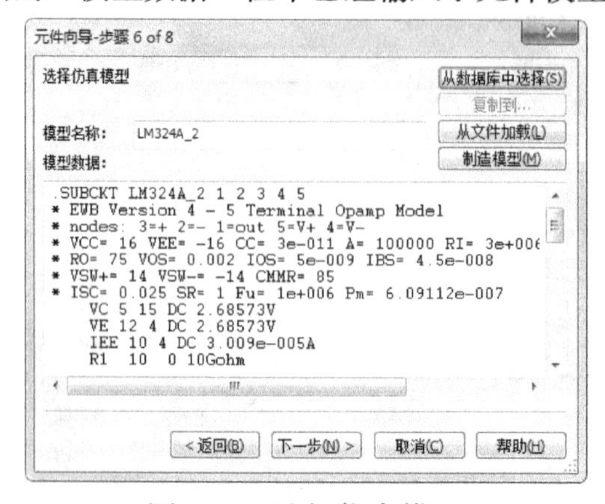


图 6.41　选择仿真模型

（7）然后单击“下一步”按钮，弹出如图 6.42 所示的对话框，再继续单击“下一步”按钮。

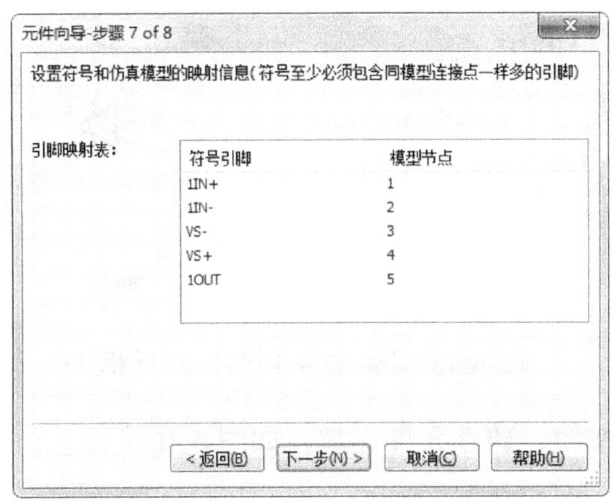


图 6.42　设置符号和仿真模型的映射信息

（8）这时弹出如图 6.43 所示的对话框。

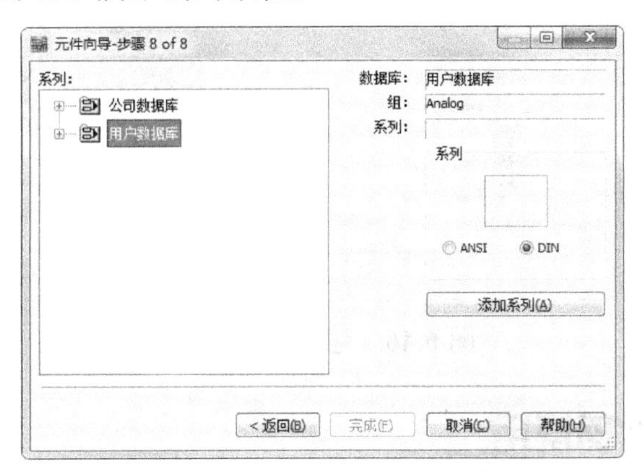


图 6.43　建立元件向导完成

这时设置元件存放的组别：在左边的“系列”区域中选择“用户数据库”的组（Analog），如图 6.44 所示。

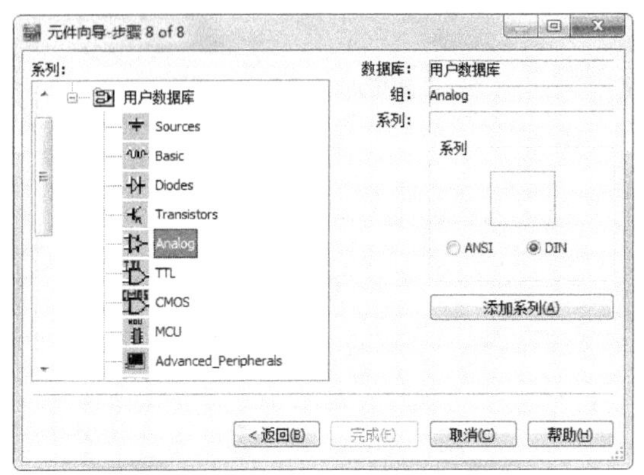


图 6.44　设置元件存放的组别

在图 6.44 中单击“添加系列”按钮，弹出如图 6.45 所示的对话框，输入系列名，然后“确定”按钮。

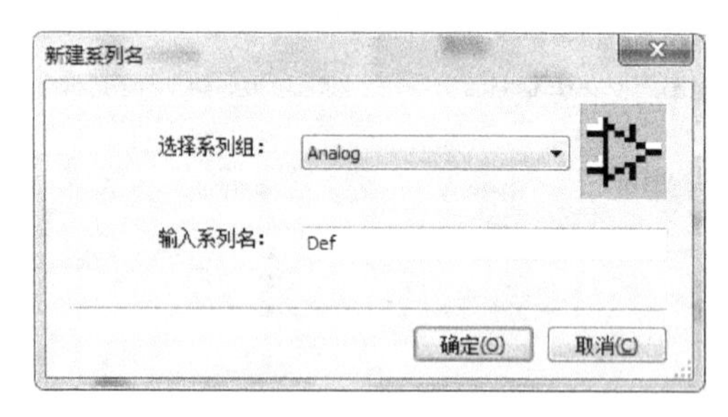


图 6.45 “新建系列名”对话框

这时单击“完成”按钮，建立元件完成，如图 6.46 所示。

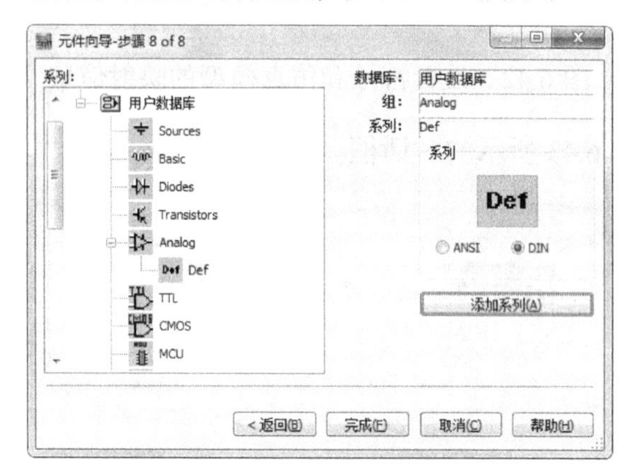


图 6.46 建立元件完成

## 6.4 新建元件的使用

新建的元件或导入的元件都是放置在用户元件数据库中，用户在打开的“选择元件”窗口中通过选择“用户数据库”就可以看到用户数据库中建立的新元件，选中它就可以使用了。

第7章

# 仿真分析结果的应用

## 7.1 原理图在其他软件中的应用

NI Multisim 11 方便快捷的绘图功能给使用者留下了深刻的印象，那么能否将 NI Multisim 11 绘制的电路图应用于其他文档中呢？答案是肯定的，用户只需要在电路窗口中选中电路图，再使用复制功能将其复制到剪贴板中，就可以使用粘贴命令将电路图放置在 Word 或其他字处理软件文档中。下面说明其操作步骤。

（1）根据需要可以选择用“编辑”菜单中的“全选”命令（或按 Ctrl+A 组合键）来选择整个电路，或用鼠标指针框选电路中需要复制的部分。

（2）利用“编辑”菜单中的“复制”命令（或按 Ctrl+C 组合键）将选中的电路复制到剪贴板上。

（3）打开 Word 或其他应用软件，使用 Word 软件中“编辑”菜单下的“粘贴”命令（或按 Ctrl+V 组合键），将剪贴板上的内容放置在需要放置的位置，图 7.1 所示为粘贴了电路图的 Word 界面。

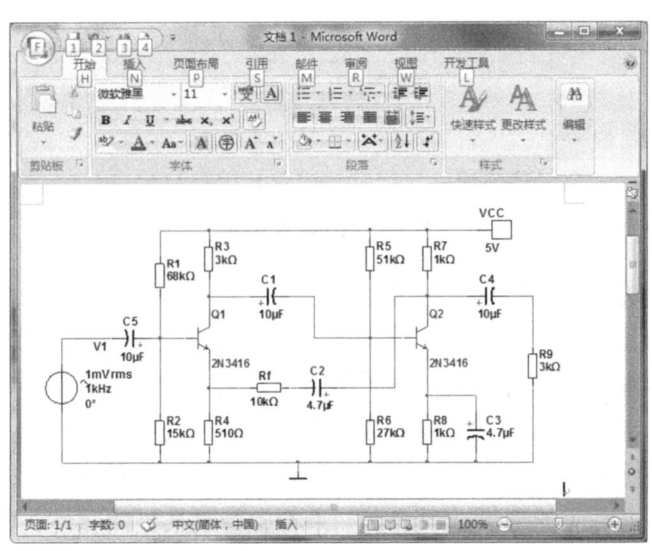


图 7.1　粘贴了电路图的 Word 界面

## 7.2 仿真分析结果在其他文档中的应用

NI Multisim 11 的虚拟仪器及高级仿真功能，将许多重要数据以波形和图表的形式在屏幕上显示出现，人们常常需要将仪器的显示波形放置到用户的技术文档中，省去了绘制波形的时间；NI Multisim 11 提供了一个记录仪，可以方便地将各种测量结果放置到文档中。

### 7.2.1 记录仪

NI Multisim 11 提供了一个记录仪，用户可以查阅、调整、保存和输出有关图表。

执行“视图”菜单中的“记录仪”命令可以打开或关闭记录仪。图 7.2 所示为记录仪（Analysis Graphs）窗口。

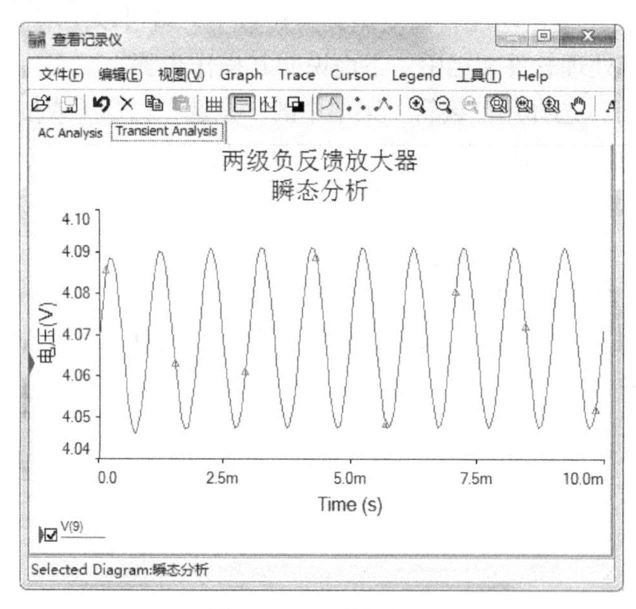


图 7.2 记录仪窗口

当窗口内为曲线时，数据显示在坐标轴上；若窗口内为图表时，数据以表格形式显示。该窗口可以由几个翻页选项卡组成，每一页都有两个可能被激活的区域：整页或单个图表/曲线图。某些功能操作（如剪切或复制）仅对当前激活区有效，所以在进行这些操作之前，必须确定所选的区域是否为希望进行操作的区域。

每当对电路进行一种分析后，其结果都以独立的页面显示出来。如果希望查阅某项分析结果，可以单击对应的翻页选项卡。如果希望修改某页面属性，其操作步骤如下：

（1）单击对应页面选项卡，选中所需要的页面。

（2）执行“编辑”菜单中的“页面属性”命令，会弹出记录仪的页面属性对话框，

通过它可以修改页面选项卡名称、图表的标题名称及标题字体等。

为了便于获得曲线的某参数值，NI Multisim 11 提供了两个游标，通过工具按钮，可以激活游标，同时还可以弹出一个活动的窗口，通过该窗口可以获得具体的参数值，如图 7.3 所示。

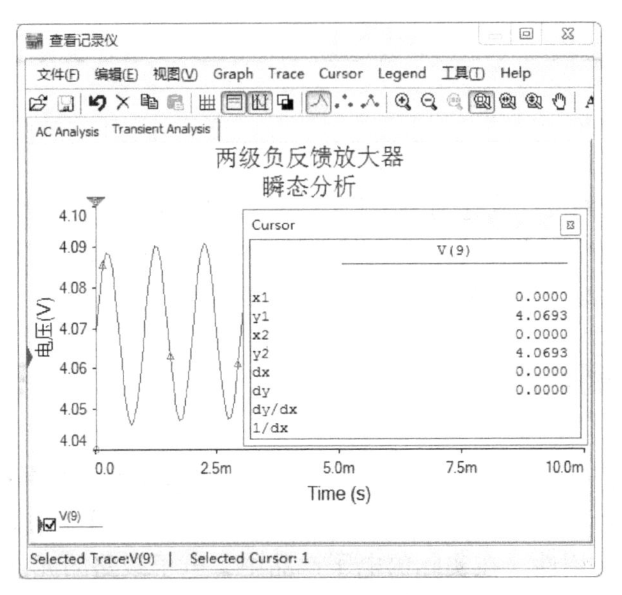


图 7.3 游标的记录仪显示窗口

图 7.3 中，显示数值的活动窗口的数据包括以下几种。

① x1、y1：（$x,y$）左边游标的坐标值。

② x2、y2：（$x,y$）右边游标的坐标值。

③ dx：两个游标的 $x$ 轴距离。

④ dy：两个游标的 $y$ 轴距离。

⑤ dy/dx：两个游标比较后的数。

⑥ 1/dx：两个游标 $x$ 轴之间距离的倒数。

NI Multisim 11 记录仪功能如表 7.1 所示。

**表 7.1 记录仪部分工具功能说明**

| 工具 | 功 能 描 述 | 工具 | 功 能 描 述 |
|---|---|---|---|
|  | 该工具可以显示或隐藏格子背景 |  | 将图表的显示结果以表格的形式导出到 Excel 中 |
|  | 通过颜色区分不同路波形，定义颜色可以通过双击显示的波形来定义 |  | 切换图表的显示方式为白底黑线，还是黑底白线 |

续表

| 工具 | 功 能 描 述 | 工具 | 功 能 描 述 |
| --- | --- | --- | --- |
| 圖 | 打开或关闭游标 | 🔍 | 用鼠标拖动可以选择显示波形的局部，通过该工具可以还原为原来形状 |

### 7.2.2 应用图表

将记录仪中显示的波形放置到 Word 文档中，只需在激活当前图表的情况下，使用“编辑”菜单中的“复制”命令，将图表复制到剪贴板上，下一步在文档编辑软件中使用粘贴命令，就可以将需要的图表放置在文档中。

## 7.3* PCB 网络表文件的生成

NI Multisim 11 具有强大的原理图编辑功能，并且有非常方便直观的仿真模拟功能，但这一切仅仅是纸上谈兵，是一种模拟、虚拟的东西，最终这些仿真模拟的结果还必须做成实物才能具有实用性。在实际的电子产品中，电子线路的元件安装在印制电路板（PCB）上，并且通过合理的连线将其连接在一起，这种在 PCB 上进行合理连线的过程就是 PCB 设计的过程。

传统的 PCB 设计是手工进行的，随着计算机技术在 PCB 设计中的广泛应用，现在的 PCB 软件可以进行快速地自动布线，这种自动布线的功能需要原理图设计软件将元件的型号、封装形式告诉 PCB 设计软件，这种从原理图到 PCB 设计软件的接口文件通常称为网络表文件。

### 7.3.1 原理图的准备工作

将 NI Multisim 11 设计的结果制作成实际的电路，这需要将电路中的所有元件信息转换到 PCB 设计软件中，但由于 NI Multisim 11 软件中的电路是一种纯原理性电路，因此需要对原理图进行一些修改。这些修改包括以下两个方面。

将电路中的元件改为实际元件。NI Multisim 11 中提供了大量的虚拟元件，这些元件在转换网络表文件时将丢失，这就需要将这些虚拟的元件用真实的元件进行替换。

加上插座元件。NI Multisim 11 的原理图电路中的电源、输入信号源在实际电路中对应于一个连接线或插座，这就要求在将原理图导出到网络表文件前，在需要连接线的位置，加上相应的插座。这些插座的加入并不影响原理的仿真和分析，仅仅表示为一种连接关系。

### 7.3.2 元件封装的定义

元件的封装形式的名称在各种软件中可以不一样，或同样一个元件具有不同的封装形式，这就要求在原理图转化为网络表文件前必须将原理图软件中元件的封装定义为 PCB 软件中的封装形式，否则该元件将无法进行自动布线。下面以二极管为例来说明其定义的过程。

（1）双击需要修改的二极管，在弹出如图 7.4 所示的元件属性对话框中单击“编辑封装”按钮，这时弹出如图 7.5 所示的“编辑封装”对话框。

（2）在“编辑封装”对话框中的“封装类型”文本框中将原来的“DO-35”改为“DO-41”，单击“确定”按钮就完成了当前元件封装的修改。

图 7.4　元件属性对话框

图 7.5　“编辑封装”对话框

### 7.3.3 网络表输出

通过 7.3.2 节中各步骤使各元件的封装与 PCB 软件的封装一致后，就可以从原理图输出网络表了。

输出网络表文件可以使用“转换”菜单下的“Export to PCB layout”命令，执行该命令后出现如图 7.6 所示的窗口，在“保存类型”下列列表框中选择相应的 PCB 软件，输入文件名后单击“保存”按钮就完成任务了。

图 7.6　网络表输出对话框

第8章

# 印制电路板设计基础

前几章介绍了 Multisim 软件，完成了原理图的绘制工作和电路的原理仿真工作，在实际电子设计中最终需要将电路用实际的元件安装在印制电路板（Printed Circuit Board, PCB）上。前面原理图的绘制解决了电路的逻辑连接，而电路元件的物理连接是靠印制电路板上的铜膜来构成连接的（后面将印制电路板简称电路板）。

在介绍电路板设计方法之前首先介绍一下与电路板设计相关的知识。

## 8.1 电路板的相关知识

### 8.1.1 电路板的结构

电路板是构成电路系统的基础技术，它利用焊点来固定元件，利用印刷在绝缘基材上的铜膜来构成电路电气的物理连接。早期电路板的绝缘基材是采用电木，而现在广泛使用玻璃纤维材料，厚度变得更薄，而弹性和韧度又较好。

根据电路的复杂程度，电路板可采用单层走线、二层走线和多层走线。单层走线就是仅一面有铜膜，而另一面放置元件，这种电路板通常称为单面板；当电路元件较多、信号线较密时，一般采用两面都有铜膜，这种电路板就是通常讲的双面板；而在计算机板卡中广泛使用多层电路板。就电路板设计而言，电路板的层数越多，其各层的走线密度就越低，布线就越容易，但对电路板的制造来讲就越复杂。本书主要介绍单面电路板和双面电路板。图 8.1 所示为双面板的剖面图。

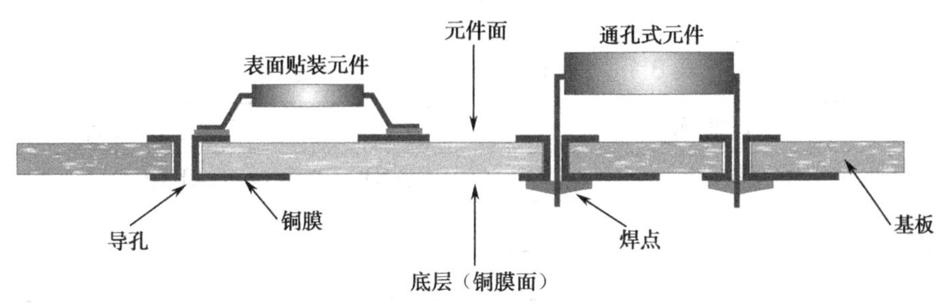


图 8.1　双面板的剖面图

电路板主要由焊盘、过孔、安装孔、导线、元器件、接插件、填充、电气边界等组成，各组成部分的主要功能如下。

焊盘：用于焊接元器件引脚的金属孔。

过孔：用于连接各层之间元器件引脚的金属孔。

安装孔：用于固定电路板。

导线：用于连接元器件引脚的电气网络铜膜。

接插件：用于电路板之间连接的元器件。

填充：用于地线网络的敷铜，可以有效地减小阻抗。

电气边界：用于确定电路板的尺寸，所有电路板上的元器件都不能超过该边界。

### 8.1.2 电路元件封装形式

电路元件的封装形式大致可分为通孔式（THT）封装和表面安装式（SMT）封装两大类，与之对应的元件是通孔式元件（THD）和表面安装式元件（SMD）。

通孔式元件的体积较大并带有直针式的引脚，实验室在面包板上进行接线的元件就属于通孔式元件，如电阻、DIP 封装的 IC 等。通孔式封装元件的电路板必须在板上的铜膜上打孔才能固定和连接电路的元件，然后通过机器或人工焊接将其安装在铜膜上。图 8.2 所示为常用通孔式元件的外形。

表面安装元件的体积非常小，而且其制作电路板、安装都比较方便，现在电子元件广泛采用这种封装形式。图 8.3 所示为几种常见的表面安装元件的封装。

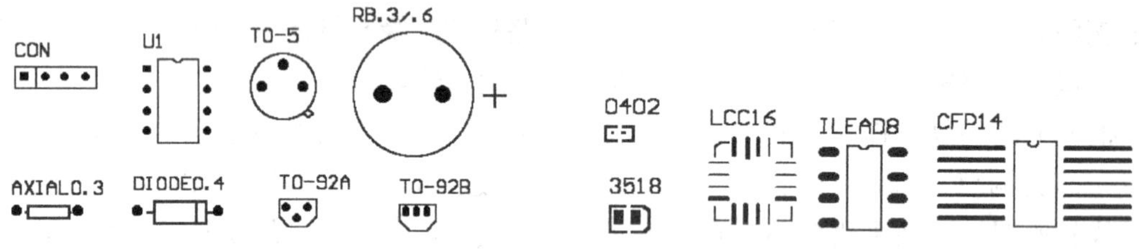


图 8.2　常用通孔式封装元件外形　　　图 8.3　几种常见的表面安装元件的封装

各种元件具有不同的封装形式，这种封装形式都有一些型号与之对应，这些封装型号可以在元件手册中找到，表 8.1 所示为常用通孔式元件的封装型号。

表 8.1　常用通孔式元件的封装型号

| 元 件 类 型 | 元件封装型号 |
| --- | --- |
| 电阻或无极性双端子元件 | AXIAL0.3 ~ AXIAL1.0 |
| 无极性电容器 | RAD0.1 ~ RAD0.4 |
| 有极性电容器 | RB.2/.4 ~ RB.5/1.0 |
| 石英晶体振荡器 | XTAL1 |

续表

| 元 件 类 型 | 元件封装型号 |
|---|---|
| 按键开关、指拨式开关 | SIP2,RAD0.3,DIPX |
| 可变电阻器 | VR1 ~ VR5 |
| 二极管 | DIODE0.4 ~ DIODE0.7 |
| 晶体管、FET 与 UJT | TO-XXX |
| DIP 封装类 IC | DIP4 ~ DIP64，DIP-4 ~ DIP-64 |
| 电源连接头 | POWER4，POWER6，SIPX |
| 单排封装的元件或连接头 | FLY4,SIP2 ~ SIP20 |
| 双排封装的连接头 | IDC10 ~ IDC50x |
| D 型连接头 | DB9x,DB15x,DB25x,DB37x |

在表 8.1 中封装型号后面的数值一般与引脚之间的距离或引脚数有关，如电阻的封装型号为 AXIAL0.3 ~ AXIAL1.0 中的 0.3 ~ 1.0 表示电阻两引脚的距离，其单位为英寸，不同功率大小的电阻两极的距离是不同的，一般为 300 ~ 1000mil（100mil=2.54mm=0.1 英寸），AXIAL0.3 表示两个引脚的间距为 0.3 英寸或 300mil；而 DIP8、DB9/M 等则表示其元件的引脚数为 8 和 9。

### 8.1.3 电路原理图与电路板图的对应关系

电路原理图是由元件通过连接线将其连接起来从而构成一定功能的电路，在电路中各元件可能是独立的一个对象，如电阻、电容等；也可能是一个实体元件的一部分，如数字集成电路中某一个单元门电路。元件在电路图上仅标明元件符号、元件引脚和元件的属性，如图 8.4 所示。元件符号主要是以图形的形式尽量清楚地表现出该元件的功能和用途；元件引脚主要提供该元件与其他元件间电气连接的端点。元件的属性通常有元件的序号、元件的名称或元件的参数值等可见参数和封装形式、电气描述等一些不可见信息。

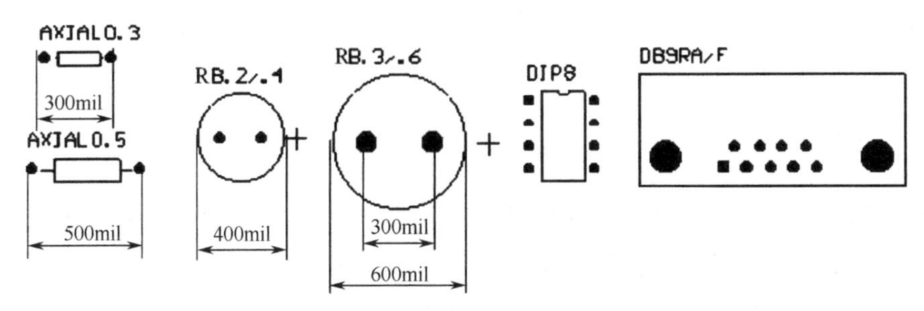


图 8.4 元件封装型号中数值的含义

图 8.5（b）为与图 8.5（a）对应的电路板图，从图中可以看出电路板中的元件是由

元件的封装符号、元件参数注释、元件序号和元件引脚焊点构成的，其中元件的封装符号、元件参数注释、元件序号这些内容并不对电路的电气特性产生影响，而仅仅是为了帮助用户安装或检查电路时使用，这些符号是用绝缘性油墨印刷在元件上面，而在电路板上元件焊盘是连接电路电气关系的关键。

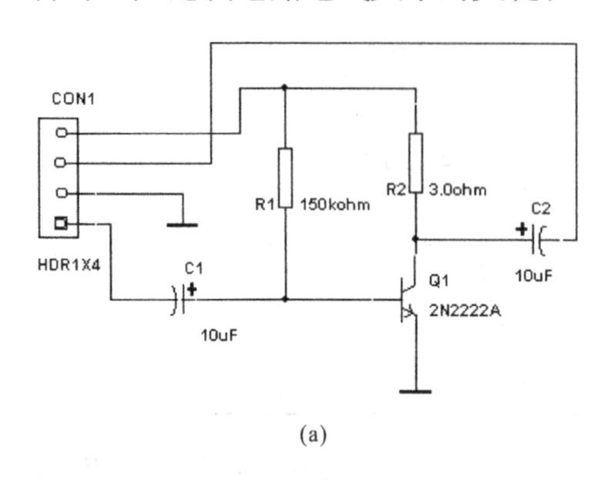


(a)

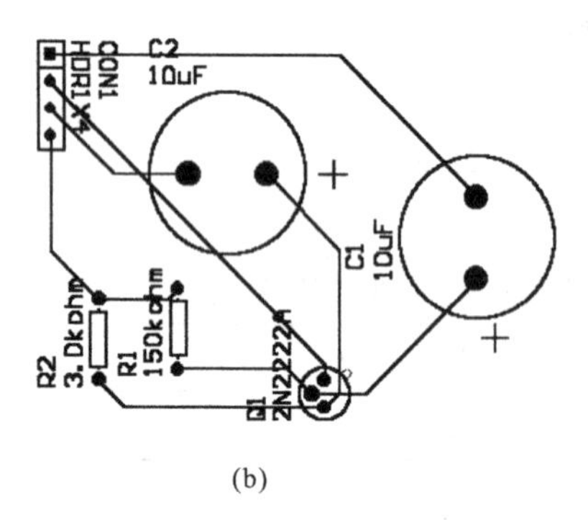


(b)

图 8.5　电路图与电路板的对应关系

为了将电路原理图能够直接转换为电路板布线的信息，就必须保证电路图中元件属性的内容能够转换为电路板中所对应的属性要求。表 8.2 给出了原理图与电路板图元件的对应关系。

表 8.2　原理图与电路板图元件的对应关系

| Multisim | Protel Schematic | Protel PCB |
| --- | --- | --- |
| Footprint（封装） | Footprint | Footprint |
| Reference ID | Designator | Designator |
| Value | Part Type | Comment |
| Pin Number | Pin Number | Pad Designator |

## 8.2　电路板设计方法及过程

电路板的设计方法可分为全手工设计、半自动化设计和全自动化设计三大类。

### 8.2.1　全手工设计

全手工设计就是借助电路板设计软件提供的各种电路板对象来进行电路板的设计，对专业设计人员来讲，手工设计的电路板应该比较合理和美观，但缺点是设计工作量较大，并且对于初学者来讲比较难，同时也要花费大量的时间。

全手工设计的设计过程一般包括：首先新建一个 PCB 的设计文件，然后根据电路板尺寸的要求设置电路板的外形尺寸，再放置元件，使用铜膜走线连接元件的焊点，如果电

路板走线较复杂就通过导孔将走线从一面切换到另一个走线面，直至所有网络走完为止。

全手工设计在早期的电路板设计软件中广泛使用，现在只有在设计特殊的大功率或高频电路板时才使用，因为现在电路板设计软件还不能很好地处理大功率和高频电路的一些特殊问题。

### 8.2.2　半自动化设计

半自动化设计采用一种折中方式，适当地混合了自动化设计技术与手工设计技术来共同完成电路板设计工作，希望在电路板品质与设计周期上取得平衡，这是现实情况中最可行的也是最流行的设计方式。

半自动化设计流程没有特定的规范与形式，只要是用得顺手而且效果又不错，不管是自动化设计还是手工设计，都可以在设计过程中得到使用。例如，使用电路板板框向导来生成板框，既轻松又精确，使用非常广泛；而自动布置功能的执行效果不尽如人意，所以尽量少采用。

半自动化设计的方法还用于电路原理图与电路板图中封装型号不一致的时候，这时可以通过人工修改网络列表文件的处理方法来解决。如本书采用 Multisim 来进行原理图绘制，而电路板设计是采用 Protel 2004 软件来进行的，这两种软件中各元件的封装表示是不一致的，这时就需要进行人工干预。

### 8.2.3　全自动化设计

全自动化设计就是全程由电路板设计软件提供的各种自动化工具来进行电路板设计，这种设计工作周期短，但是因为自动化的内核凭借的是人工智能的判断，而人工智能技术还处于不断完善阶段，所以只能做出虽不满意但又可以接受的结果，特别是大功率电路和高频电路的设计方面，这种方法还不能达到实际的要求。

电路板全自动化设计通常是由电子设计自动化技术（EDA）软件公司提供的集成系统软件来实现的，这些集成系统软件应包括电路原理图设计软件、电路仿真模拟软件、电路板设计软件，如果涉及可编程数字集成电路，还应包括可编程器件设计软件。

电路板全自动化设计流程如下。

第一步，设计出完整的电路图文件，并给电路中的元件标注具体的参数及封装型号，接下来进行 ERC 检查，确保绘制完成的电路图中没有任何违反电气特殊规则的情况发生。

第二步，在电路板设计软件中设置电路板的板框，然后将电路图的网络表导入电路板设计软件中。

第三步，利用电路板设计软件的自动布置功能和自动布线功能可以快速地完成电路板的设置。

有关借助 Protel 2004 集成软件进行电路板全自动化设计的内容，请查阅有关资料。

## 8.3 Protel 2004 软件介绍

Altium 公司作为 EDA 领域中的一个领先公司，在原来 Protel 99SE 的基础上，应用最先进的软件设计方法，于 2002 年率先推出了一款基于 Windows 2000 和 Windows XP 操作系统的 EDA 设计软件 Protel DXP。并于 2004 年推出了整合 Protel 完整 PCB 板级设计功能的一体化电子产品开发系统环境——Altium Designer 2004 版。

AutoCAD 软件具有如下特点。

（1）具有完善的图形绘制功能。

（2）有强大的图形编辑功能。

（3）可以采用多种方式进行二次开发或用户定制。

（4）可以进行多种图形格式的转换，具有较强的数据交换能力。

（5）支持多种硬件设备。

（6）支持多种操作平台。

（7）具有通用性、易用性，适用于各类用户。此外，从 AutoCAD2000 开始，该系统又增添了许多强大的功能，如 AutoCAD 设计中心（ADC）、多文档设计环境（MDE）、Internet 驱动、新的对象捕捉功能、增强的标注功能，以及局部打开和局部加载的功能，从而使 AutoCAD 系统更加完善。

### 8.3.1 启动 Protel 2004 集成环境

启动 Protel 2004 集成环境通常有两种方法：双击 Protel 2004 的桌面快捷方式；选择“开始”→“程序”→“Protel 2004”选项，其中桌面快捷方法使用最为方便，只需双击 Protel 2004 图标就可以了。在“开始”→“程序”→“DXP”下启动 Protel 2004 集成环境，如图 8.6 所示。

### 8.3.2 Protel 2004 集成环境简介

启动 Protel 2004 后将出现如图 8.7 所示的 Protel 2004 的集成环境主界面。图 8.7 中 Protel 2004 集成环境的主界面大部分是灰色的区域，这是因为当前并没有打开任何服务程序及相应文件的缘故。一旦打开某一程序或相应的文件时，就会打开与该程序相对应的界面。

图 8.6　启动 Protel 2004 集成环境的方法

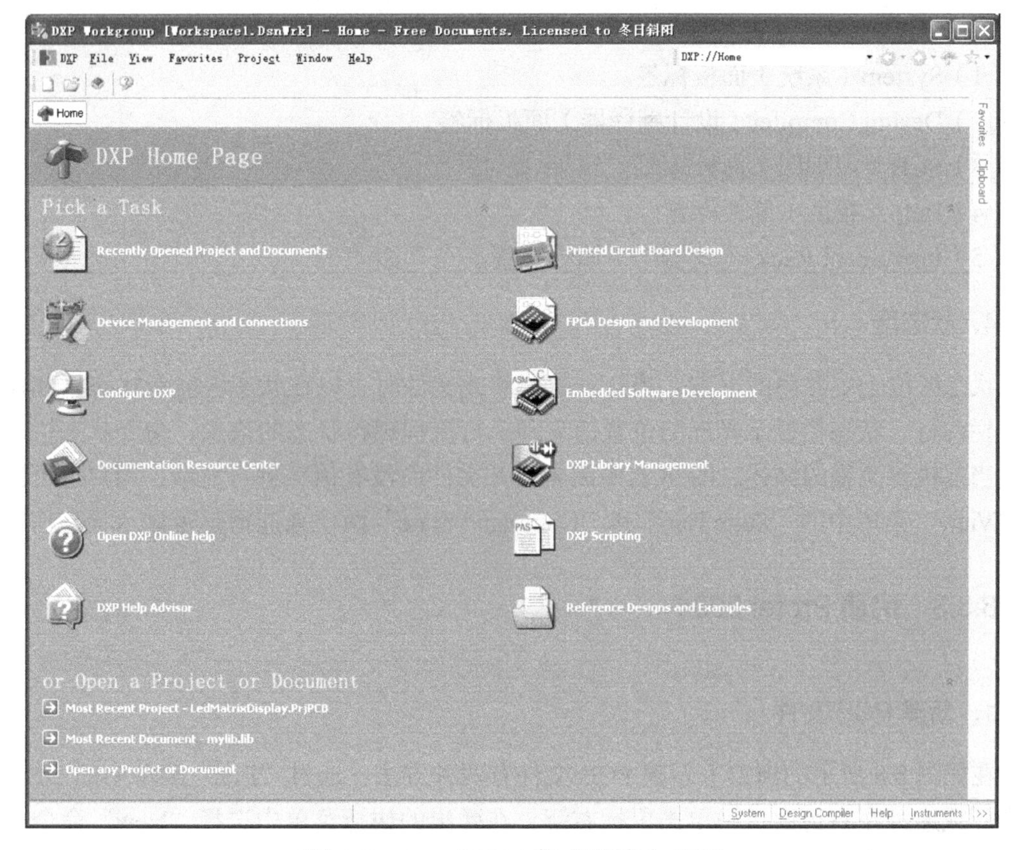


图 8.7　Protel 2004 集成环境主界面

### 1．菜单栏

（1）DXP 菜单：Protel 2004 系统菜单。
（2）File 菜单：用来打开、关闭设计文件与结束 Protel 2004。
（3）View 菜单：用来设置是否显示设计管理器面板和状态栏。
（4）Favorites 菜单：添加以及管理收藏。
（5）Project 菜单：包括项目管理的相关命令。
（6）Window 菜单：窗口菜单。
（7）Help 菜单：帮助菜单。

### 2．工具栏

Protel 2004 集成环境主界面的工具栏仅由 、 、 、 4 个按钮组成。
（1） 按钮：创建任意文件按钮。
（2） 按钮：用来打开已存在的设计文件。
（3） 按钮：打开器件视图页面。
（4） 按钮：打开帮助信息。

### 3．标签栏

（1）System（系统）面板标签。
（2）Design Compiler（设计翻译器）面板标签。
（3）SCH（原理图）面板标签。
（4）Help（帮助）面板标签。
（5）Instrument Racks（仪器架）面板标签。

### 4．状态区

状态区位于主界面的下方，当打开数据库或文件时可以在状态区显示状态栏和命令状态栏两行。状态栏显示光标的位置信息和执行流程现行状态的信息，命令状态栏用来提供当前执行流程的描述。图 8.7 中因未打开文件而没有信息进行显示。用户也可以通过“View”菜单中的“State Bar”和“Command State”两项来选择是否显示状态信息。

## 8.3.3 启动 Protel 2004

### 1．新建 PCB 文件

在如图 8.8 所示的窗口下新建 PCB 文件有两种方法：通过“File”菜单中的“New”命令，或通过在右边窗口中单击鼠标右键，在弹出的快捷菜单中选择“New”命令。通过这两种方法将得到如图 8.9 所示的 Protel 2004 新建文档对话框。

用户可以通过双击图 8.8 中的 PCB 图标直接新建一个 PCB 文档；也可以通过图 8.9 中所示的板框向导选项卡（Wizards）进行电路板参数的设置。建议初学者使用板框向导进行 PCB 文档的设置。

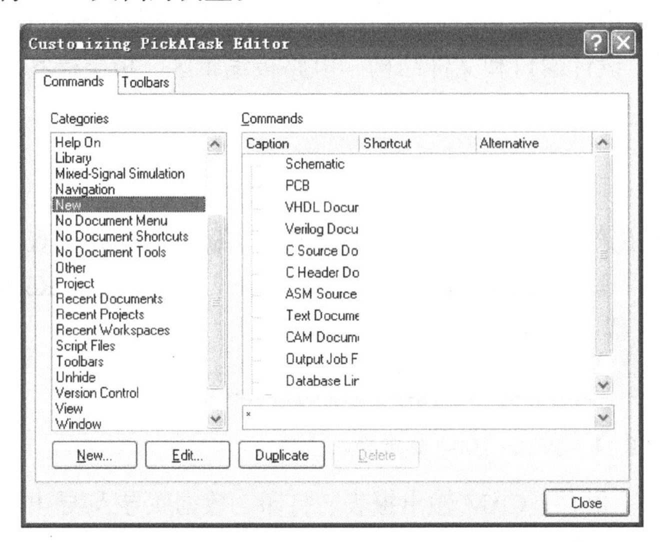


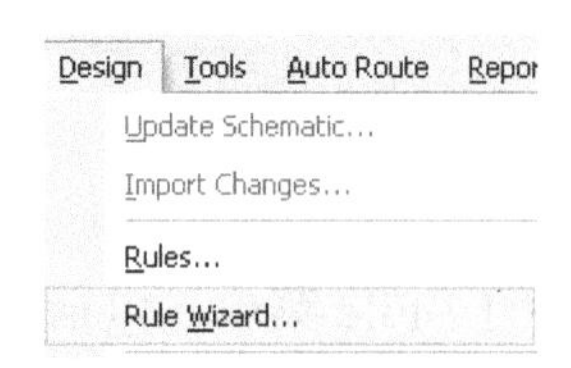

图 8.8　Protel 99 SE 新建文档对话框　　　　图 8.9　板框向导选项卡

通过上面的设置就进入了 Protel 2004 的工作界面，图 8.10 所示为 Protel 2004 的工作界面。

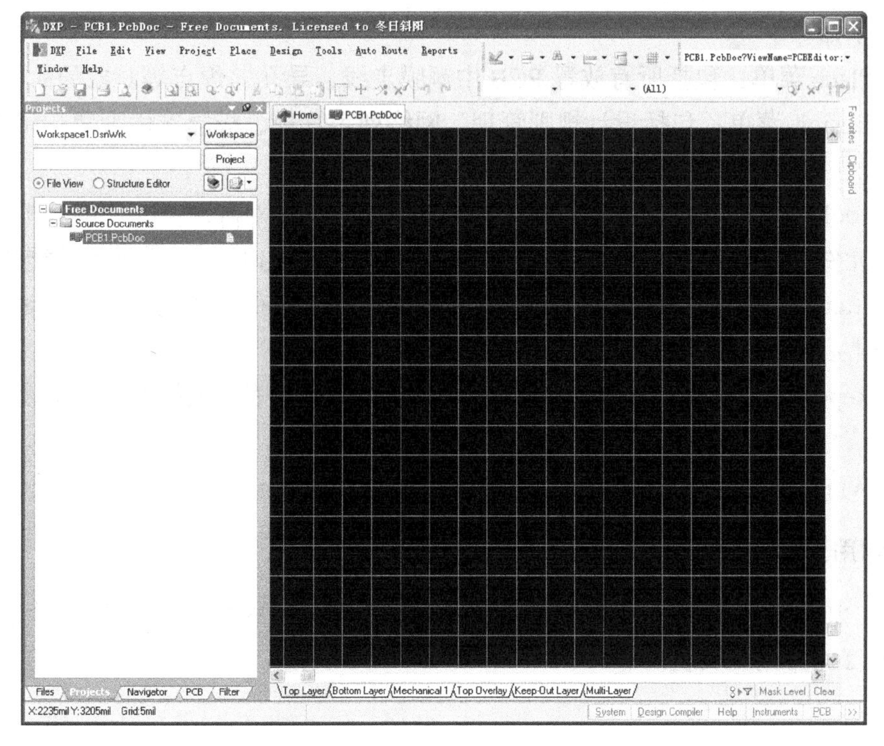


图 8.10　Protel 2004 工作界面

### 8.3.4 Protel 2004 工作界面

图 8.10 所示为 Protel 2004 的工作界面，它由菜单栏、常用工具栏、对象调整工具栏、对象放置工具栏、设计管理面板、设计窗口和文件结构、电路板编辑区、板层标签、状态栏等几部分组成。

#### 1. 菜单栏

图 8.11 所示为 Protel 2004 的主菜单，包括 File（文件）、Edit（编辑）、View（查看）、Place（放置对象）、Design（设计管理）、Tools（工具）、Auto Route（自动布线）、Reports（报表）、Window（窗口）、Help（帮助）等几个菜单项。

图 8.11　Protel 2004 菜单栏

（1）File 菜单：包括打开文件、保存、CAM 输出报表、打印、数据库导入/导出等与文件相关的操作命令。

（2）Edit 菜单：包括选取对象、剪切、复制、粘贴、移动、搜索文字、恢复及取消恢复等有关文件编辑的命令。

（3）View 菜单：包括放大或缩小显示、切换各工具栏显示与否、切换显示单位等有关屏幕显示命令。

（4）Place 菜单：包括所有放置 PCB 中铜膜走线、导孔、焊点等对象的命令。

（5）Design 菜单：包括设计规则管理、网络列表管理、板层堆栈管理、元件库管理等有关系统层次的命令。

（6）Tools 菜单：包括设计规则检查、自动放置功能、对象对齐、密度分析、信号分析、重编元件封装序号、交互参考、测试点与 Protel 设计环境设置等辅助功能的命令。

（7）Auto Route 菜单：启动自动布线功能、设置自动布线功能选项、自动布线功能的暂停与再启动等有关自动布线功能的命令。

（8）Reports 菜单：生成选取接脚报表、电路板信息报表、数据库结构报表、网络状态报表、信号分析报表等报表的命令。

（9）Window 菜单：设置窗口显示方式的各种命令。

#### 2. 常用工具栏（Main ToolBar）

Protel 2004 界面下包括常用的文件类的操作工具和一些对 PCB 对象进行操作的工具，图 8.12 为常用工具栏。

图 8.12　Protel 2004 常用工具栏

各按钮对应的功能如表 8.3 所示。

表 8.3 常用工具栏各按钮的功能

| 按钮 | 功能 | 按钮 | 功能 |
|---|---|---|---|
| | 创建任意文件 | | 打开已存在的文件 |
| | 保持当前文件 | | 直接打印当前文件 |
| | 生成当前文件的打印预览 | | 打开器件的视图页面 |
| | 显示整个文件 | | 显示制定区域 |
| | 放大显示选定对象 | | 放大显示过滤对象 |
| | 裁剪 | | 复制 |
| | 粘贴 | | 橡皮图章 |
| | 选择区域内的对象 | | 移动选择 |
| | 取消全部对象选择 | | 清除当前过滤 |
| | 取消 | | 重做 |
| | 快速定位元件中的错误 | | 预览元件 |
| | 顾问式帮助 | | |

3．对象放置工具（Placement Tools）

表 8.4 列出了各种工具按钮的功能为 Protel 2004 的对象放置工具栏，通过这些工具可以快速地进行对象的放置。

表 8.4 对象放置工具栏各按钮的功能

| 按钮 | 功能 | 按钮 | 功能 |
|---|---|---|---|
| | 放置交互式铜膜走线 | A | 放置字符串 |
| | 放置焊点 | | 放置导孔 |
| T | 放置说明字符串 | | 放置坐标参数 |
| | 放置尺寸线 | | 参考原点定位 |
| | 放置布置空间 | | 放置元件封装 |
| | 放置边缘模式绘圆弧走线 | | 放置圆心模式绘圆弧走线 |
| | 放置任意角度绘圆弧走线 | | 绘制圆形走线 |
| | 放置填充区域 | | 放置敷铜走线 |
| | 放置内层分割线 | | 数组式粘贴 |

4．对象位置调整工具（Component Placement）

对象位置调整工具就是用来调整选取对象排布方式的工具，图 8.13 为对象调整工具栏，对应于 18 个不同的按钮，各按钮的功能如表 8.5 所示。

图 8.13　Protel 2004 对象位置调整工具栏

表 8.5　对象放置调整工具栏各按钮的功能

| 按　钮 | 功　能 | 按　钮 | 功　能 |
| --- | --- | --- | --- |
|  | 选取对象左对齐 |  | 选取对象水平居中 |
|  | 选取对象右对齐 |  | 选取对象两端对齐 |
|  | 增加选取对象的水平间距 |  | 减少选取对象的水平间距 |
|  | 选取对象上对齐 |  | 选取对象垂直居中 |
|  | 选取对象下对齐 |  | 选取对象垂直方向均匀分布 |
|  | 增加选取对象的垂直间距 |  | 减少选取对象的垂直间距 |
|  | 移动元件到布置空间内 |  | 移动元件到选取区域内 |
|  | 将对象移到咬合格点定位 |  | 将选择对象成组 |
|  | 拆开组合 |  | 调用 Align Component 对话框 |

第9章

# 电路板手动设计

电路板手动设计是用户直接在 PCB 软件界面下根据电路原理图进行元件放置、元件布局、用铜膜连接元件、设计电路板边框形状、固定螺丝孔等设计步骤。这种设计的先后顺序可能根据不同的电路有所不同。图 9.1 给出了手工设计电路板的一般工作流程。

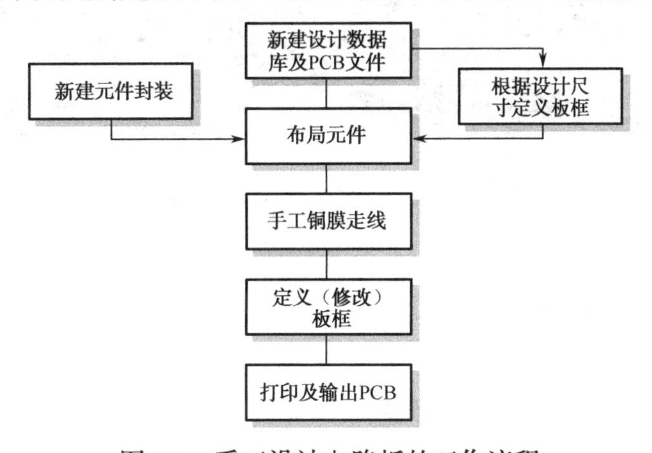


图 9.1　手工设计电路板的工作流程

## 9.1　单面板的设计方法

单面板就是仅一面用铜膜走线，而另外一面用于放置元件的电路板。单面板仅能实现简单电路的设计，有时尽管电路不复杂，但单面走线有困难时，可以通过飞线（在元件面板放置一个短路线）的方法来完成。下面讨论单面板的设计过程。

### 9.1.1　新建设计数据库与电路板文件

使用“File（文件）”菜单下的“New（新建）”命令，然后双击 PCB 图标就可以创建一个文件名为 PCB1.pcb 的 PCB 文件。

双击 PCB1.pcb 对应的图标就可以进入如图 9.2 所示的 Protel PCB 2004 的编辑界面。

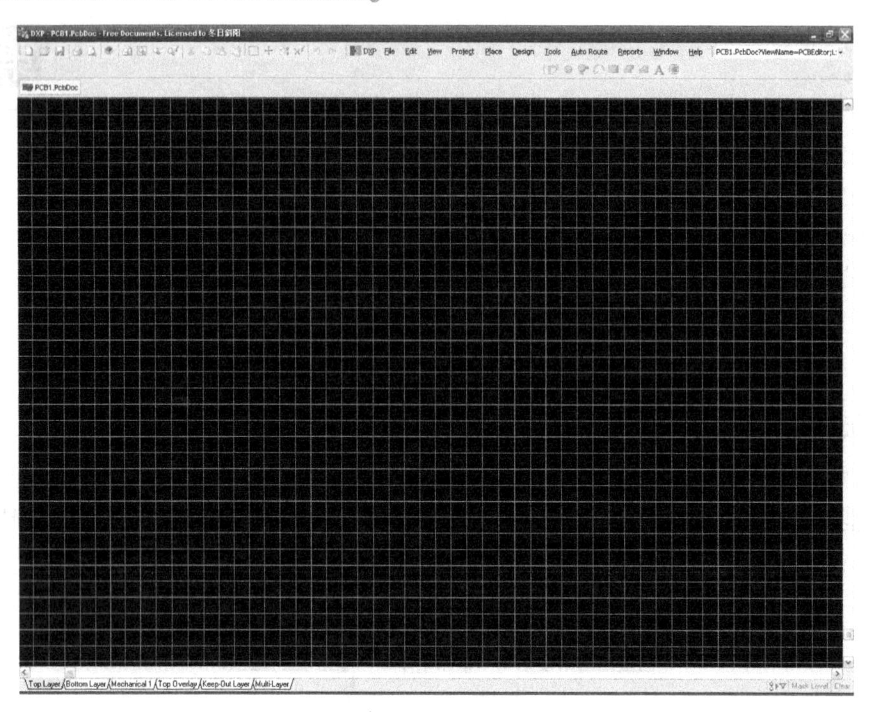

图 9.2　Protel PCB 2004 编辑界面

## 9.1.2　元件的放置及调整

### 1. 已知封装型号的元件选择和放置

已经知道元件的封装型号时可以使用“Place”菜单中的“Component”命令或单击工具栏中的按钮，这时会弹出如图 9.3 所示的“Place Component”对话框，然后在“Footprint”文本框中输入元件的封装型号（如对应于电阻的 AXIAL0.3），在“Designator”文本框中输入元件的序号（如 R1、Q1），在“Comment”文本框中输入元件的参数值或型号（如电阻值或集成电路的型号，该文本框可以不输入任何文字）。

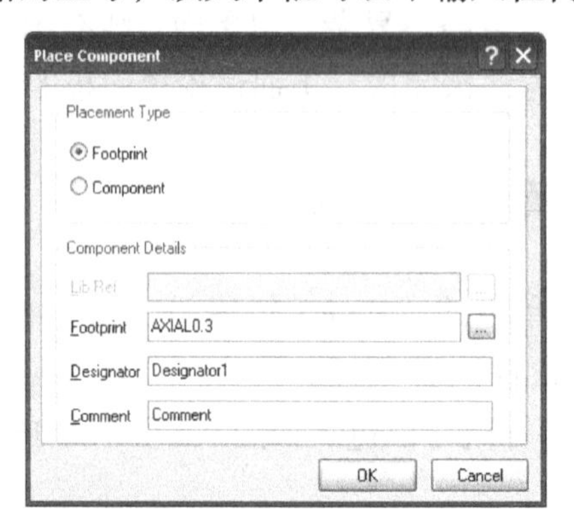


图 9.3　“Place Component”对话框

参数设置完成后单击“OK”按钮，屏幕上将会出现一个可以随鼠标指针移动的元件封装符号，将它移动到需要放置的位置后，单击鼠标左键就可以完成元件的放置工作。

完成以上操作之后，将再一次出现“Place Component”对话框，等待输入新的元件封装型号及元件名称等。如果还需要放置其他的元件就设置相应的值并单击“OK”按钮；否则单击“Cancel”按钮退出。

### 2．不知封装型号的元件选择和放置

对于不知封装型号的元件，可以通过选择图 9.3 中的 Component 单选按钮，再选择合适的封装，如图 9.4 所示，单击“OK”按钮，将其选中的元件封装放置到需要放置的位置。

也可以使用“Design”菜单中的“Browse Components”命令或单击常用工具栏中的按钮打开设计管理面板，在“Component”列表框中选择需要的封装型号，这样在下面的预览框中可以看到其封装的外形，如图 9.5 所示。

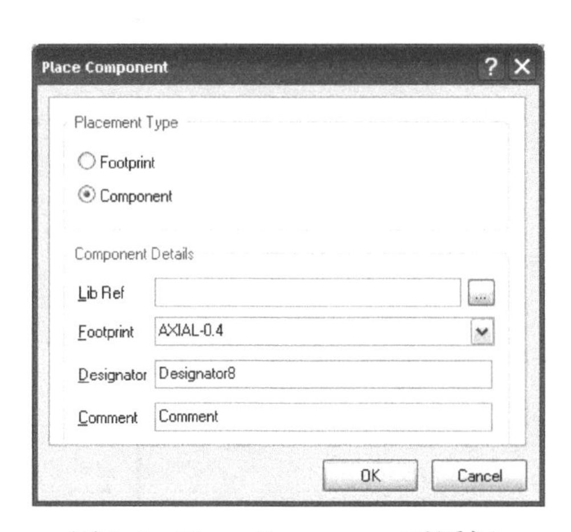


图 9.4　Place Component 对话框

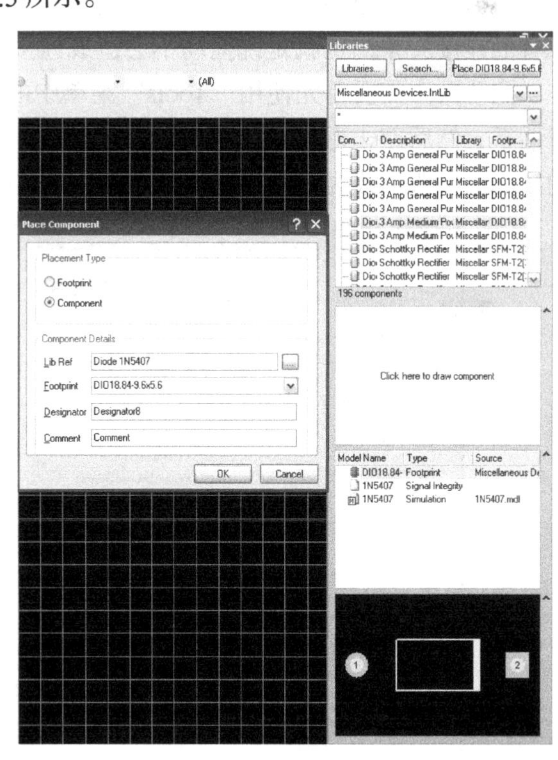


图 9.5　AXIAL0.3 封装

### 3．对象的调整

元件的封装、铜膜、过孔等都是构成电路的对象，从元件库中选择的元件或绘制的铜膜经常需要进行一些调整，这些调整包括旋转、移动、拖动、删除等操作。

（1）对象的旋转和翻转。在取出元件封装还未放置到编辑区时，直接按 Space 键就可以将元件封装逆时针旋转，按 X 键可以左右翻转，按 Y 键可以上下翻转。

如果对象已经放置到编辑区中，直接在对象符号上按住鼠标左键不放，使其进入旋转或翻转状态。这时再按 Space 键就相对于参考点逆时针旋转，按 X 键可以左右翻转，按 Y 键可以上下翻转。

（2）对象的移动。对象的移动是指简单地移动对象而不考虑其原有的连接性，所以移动对象可能导致原有的网络走线断线。

移动对象最简单的办法就是用鼠标单击移动对象，按住 Ctrl 键不放并移动到需要放置的位置松开鼠标即可。

（3）对象的删除。对象的删除就是将不需要的对象删除掉，删除后并不将对象放入剪贴板中，但可以通过“Edit”菜单中的“Undo Clear”命令将其恢复。

要删除对象请先选中对象，然后使用“Edit”菜单中的“Clear”命令或用 Ctrl+Del 组合键。

（4）对象的拖动。对象的拖动是指将对象从一个位置移动到另一个位置且保持对象原有的连接关系，也就是说拖动不会造成连接的网络断线。

拖动操作需要首先使用“Tools”菜单中的“Preference”命令，打开“Preferences”对话框，然后双击左上角“Protel PCB”选项，再单击“General”，将“Comp Drag”中的“none”选项改为“Connected Tracks”选项，如图 9.6 所示。

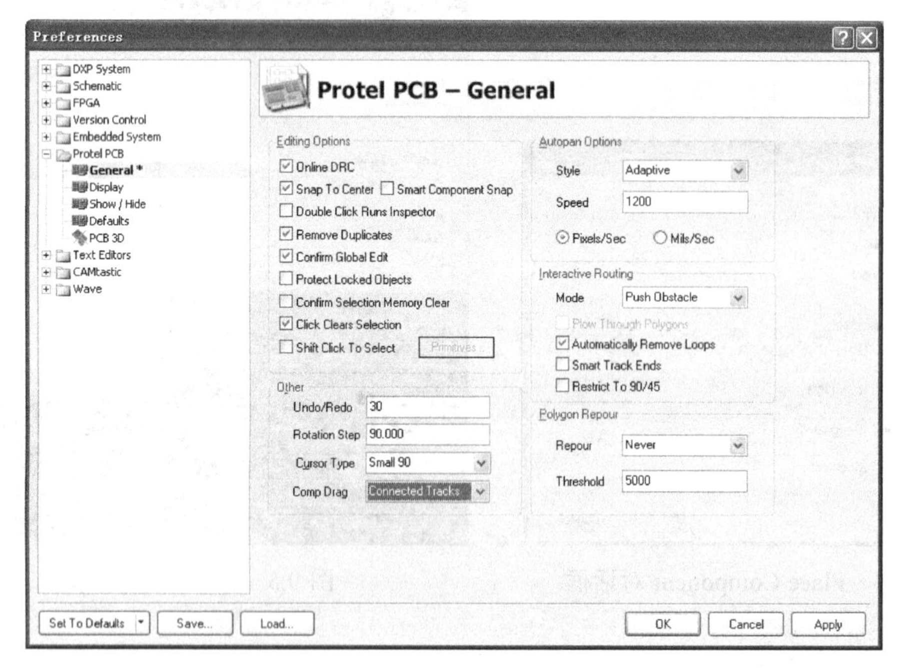

图 9.6　设置 Protel PCB－General 对话框

选择“Edit”菜单中的“Move”命令中的“Move”或“Drag”后将鼠标指针指在元件封装上并按住鼠标左键不放，拖动鼠标指针到需要放置的位置就可以了。

（5）修改元件的封装属性。对未放置好的元件的封装属性可以通过按 Tab 键，在弹出的“Component Designator”对话框中设置相应的参数就可以了。“Component”对话框共有 Properties、Designator 和 Comment 3 个选项区域，如图 9.7 所示。

如果元件已经放置好，直接双击编辑区的元件封装符号，也可以打开“Component Designator”对话框。

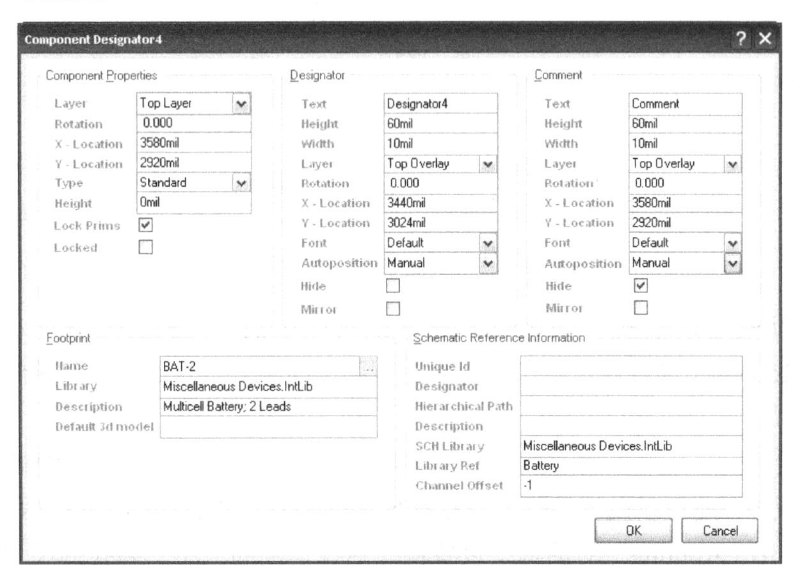


图 9.7　Component Designator 对话框

### 9.1.3　手工布线

在将所有元件布局完毕后，可以开始绘制各元件引脚间的铜膜走线。铜膜走线的主要目的是根据设计要求创建好网络实体的连接。

#### 1. 绘制铜膜的走线

Protel PCB 2004 中绘制铜膜走线有两种方法：一种是单纯走线模式（Place Line），另一种是交互式走线模式（Interactive Routing）。这两种走线模式皆可以实现铜膜的走线，但单纯走线模式主要用于手工走线方式，而交互式走线模式既可以用于手工走线方式，也可以用于自动走线方式。

（1）单纯走线模式。使用对象放置工具栏的 ⁄ 按钮或使用“Place”菜单下的“Line”命令就可以将编辑模式切换到单纯铜膜走线模式，这时鼠标指针形状由空心箭头变为“十”字形。在铜膜走线的一端单击鼠标就会出现一个可以随鼠标指针移动的导引线，把指针移动到铜膜走线的转弯点再单击鼠标，每一次可以定位一个转弯，重复上述操作，直到铜膜走线到另一端单击鼠标左键再单击鼠标右键完成一条走线工作。这时仍处于单纯铜膜走线模式，还可以连接其他元件间的走线，如果完成所有走线，就按 Esc 键或单击鼠标右键回到编辑模式。

在绘制过程中可以通过按 Tab 键，在弹出的“Line Constraints”对话框中设置当前铜膜走线的宽度和工作板层，如图 9.8 所示。

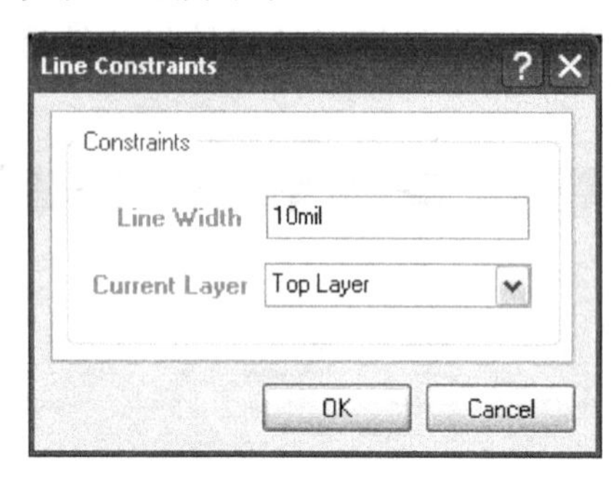


图 9.8 “Line Constraints”对话框

（2）交互式走线模式。使用对象放置工具栏中的按钮或“Place”菜单中的“Interactive Routing”命令就可以进入交互式铜膜走线模式，这时可以与单纯走线模式一样进行走线。

交互式走线模式也可以通过按 Tab 键打开“Interactive Routing”对话框来设置铜膜的宽度和工作板层，还可以设置导孔的直径和导孔的钻孔大小，如图 9.9 所示。在图 9.9 所示的“Interactive Routing”对话框中设置铜膜走线宽度的大小、导孔的尺寸。用户可以通过对话框中的“Menu”按钮来设置铜膜走线宽度的大小、导孔尺寸的设计规则。

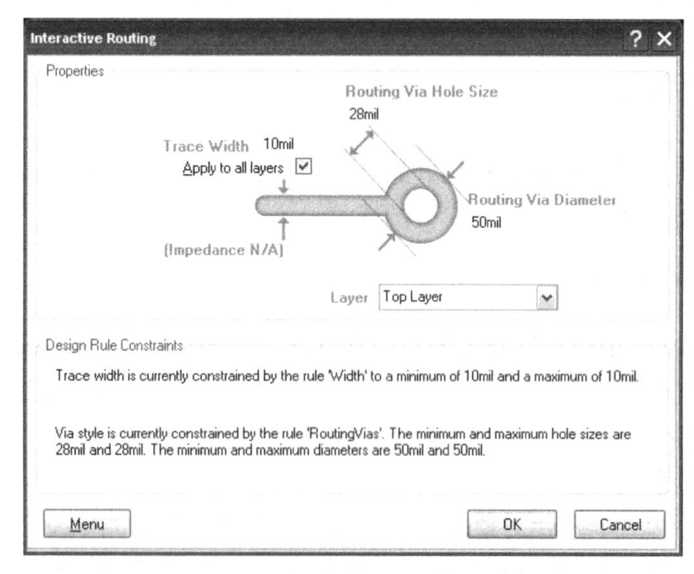


图 9.9 “Interactive Routing”对话框

**2．设置走线的形式**

无论是单纯走线模式还是交互式走线模式，Protel PCB 2004 都提供了 6 种不同的走

线形式，可以使用 Shift+Space 组合键来进行切换。这 6 种走线形式分别是 45° 走线、平滑圆弧走线、90° 走线、小加减弧弯角走线、任意角度走线、大圆弧走线，如图 9.10 所示。

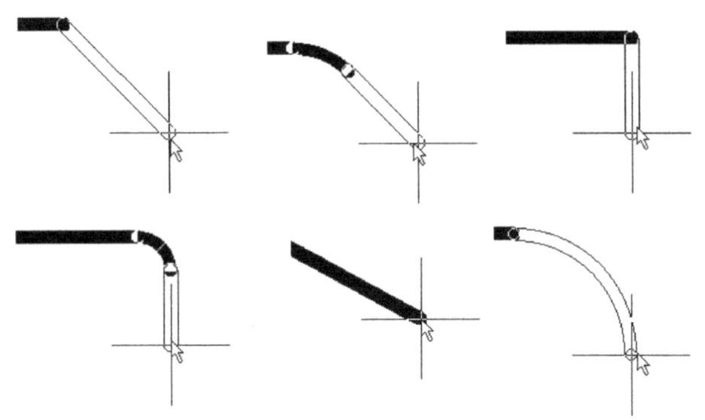

图 9.10　铜膜走线形式

进行铜膜走线的编辑时，还可以使用 Space 键来切换走线的方向，如走线方向原来是先向右后向下，按 Space 键后走线方向变为先向下后向右，如再按 Space 键就又回到原来的状态。

### 3．铜膜的连通性

绘制铜膜时用户不知道绘制的铜膜是否与其他对象建立有效的电气连接，Protel PCB 2004 提供了一个提示连通性状态的特殊符号，当绘制铜膜时，十字光标的中心移动到一个实体上时，如果能建立良好的电气连接，十字光标变为一个八角空心符号，如图 9.11 所示。

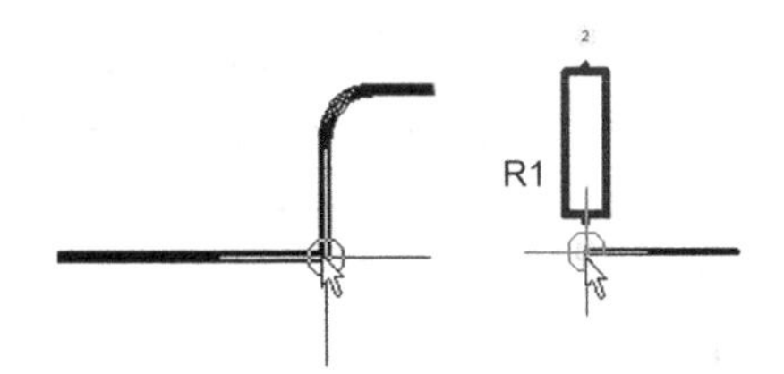


图 9.11　铜膜的连通性

### 4．铜膜走线的修改

双击需要修改的铜膜走线，会弹出如图 9.12 所示的“Track”对话框，这时可以设置这条铜膜走线的属性，包括 Width（宽度）、Layer（工作板层）、Locked（锁定位置）、Net（网络）及铜膜走线起止坐标。

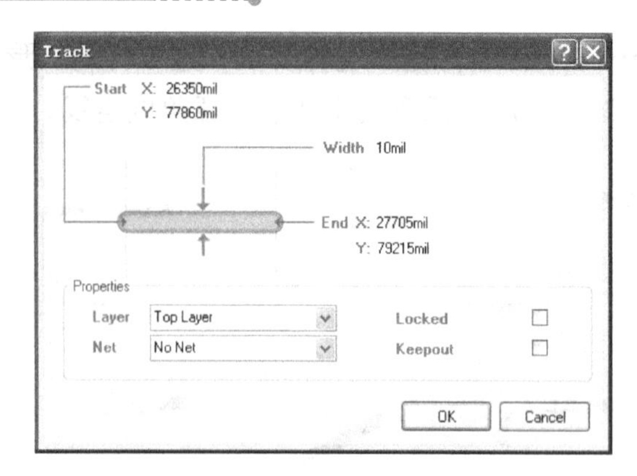


图 9.12 “Track”对话框

### 9.1.4 电路板板框设置

电路板板框是在禁制板层（Keep Out Layer）绘制的一个封闭区域，用来表示有效走线区域的范围，这个尺寸通常较电路板的实际尺寸稍小一些。电路板板框的形状可以是矩形，也可以是多边形、圆形等，电路板板框设置就是在禁制板层上利用单纯走线模式或交互式走线模式来绘制一个封闭的区域。

电路板板框的设置可以是在绘制电路板之前，也可以在绘制好电路板之后。

### 9.1.5 电路板的打印和预览

前面介绍了单面 PCB 的设计过程，下一步需要将 PCB 图输出到纸张上来进行检查和制作电路板。

打开前面创建的 PCB.PcbDoc 文件，然后在 PCB 界面的菜单栏中使用“File”菜单中的“Print Preview”命令，就可以打开图 9.13 所示的打印预览窗口。

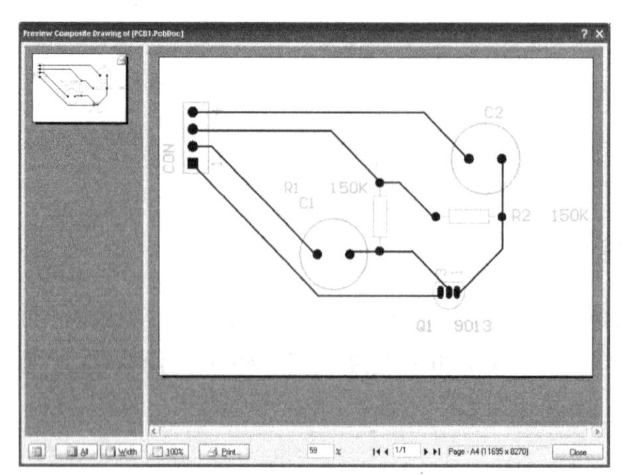


图 9.13 打印预览窗口

如果需要打印该图，在图 9.13 中双击“Print”按钮，或选择 PCB 界面的菜单栏中的

“File”菜单中的“Printer”命令（按 Ctrl+P 按钮），出现如图 9.14 打印窗口。

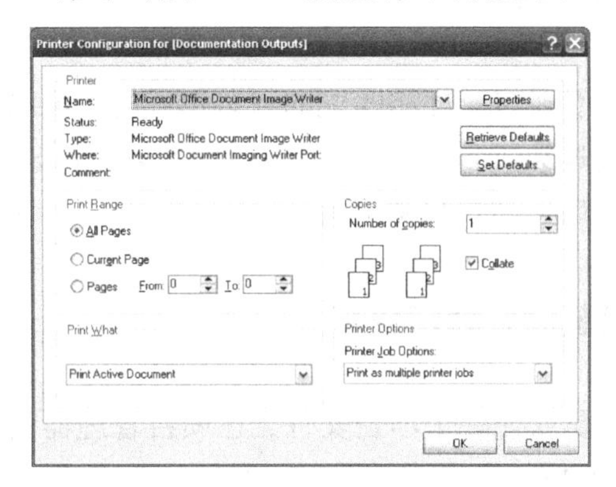


图 9.14　打印窗口

## 9.2　双面电路板的设计

双面电路板是指元件面和焊接面都进行布线的电路板，由于两面进行走线，因此双面板的走线密度较低，适用于较复杂电路的走线。双面板与单面板的走线没有什么特别之处，但双面板走线时要考虑到美观、电路间的相互干扰及易走线等因素，因此双面板的走线有一些规定，下面就双面电路板的走线规则和手工布线方法两个方面说明一下双面电路板走线的方法。

### 9.2.1　双面电路板的设计规则

双面电路板的布线可分布在元件面和焊接面，如果在进行铜膜走线时没有规则，可能结果与单面板一样无法完成网络走线。双面板的走线规则实际上很简单，即元件面垂直走线而焊接面水平走线，也可以相反，如果需要方向切换时，通过导孔将铜膜走线从一面引到另一面。

当然并不是所有电路进行走线时都要遵守这个规则，只是遵守该规则便于走线成功，并且由于正反两面的走线正交，所以相互干扰最小。

### 9.2.2　双面板的手工布线

双面板手工布线的方法与单面板走线一样，只是多了一个将一面的走线引到另外一面，这时只要在需要切换走线面的地方按键盘中的“*”键就实现了切换。

**注意**

这里的“*”键是指键盘右边数字键盘上方的“*”键，而使用 Shift+8 上的“*”键无法实现这种切换。

## 9.3 创建新元件封装

在进行电路板设计找不到与元件相匹配的封装形式时，可以在PCB元件库中新建一个封装，包括对已经有的封装进行修改、使用元件封装向导及手工新建等几种方法。下面仅介绍使用元件封装向导来新建封装的方法。

### 9.3.1 利用元件封装向导新建封装

建立元件新封装时需要新建一个项目文件，在项目管理器窗口中使用“File”菜单中的“New”命令，选择“Library”中的“PCB Library”命令，打开元件封装编辑窗口。

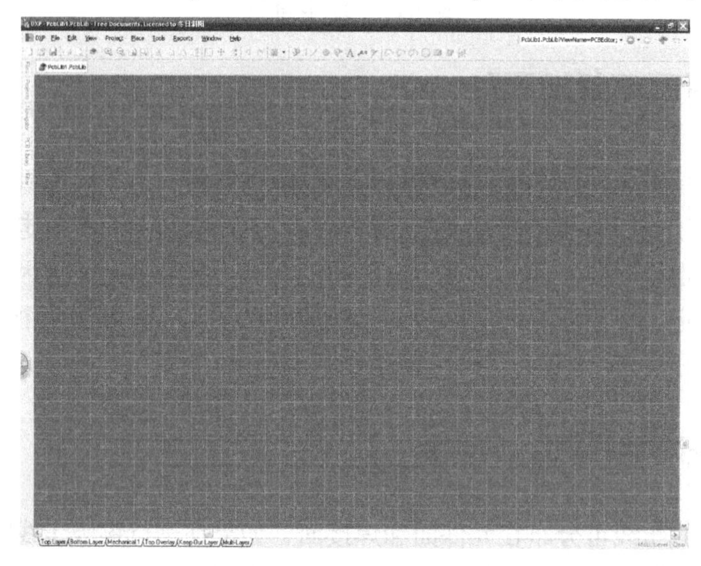

图9.15 元件封装编辑窗口

单击图9.15中的“Browse PCBLib”选项卡中的“Add”按钮，将弹出如图9.16所示的封装向导欢迎对话框。

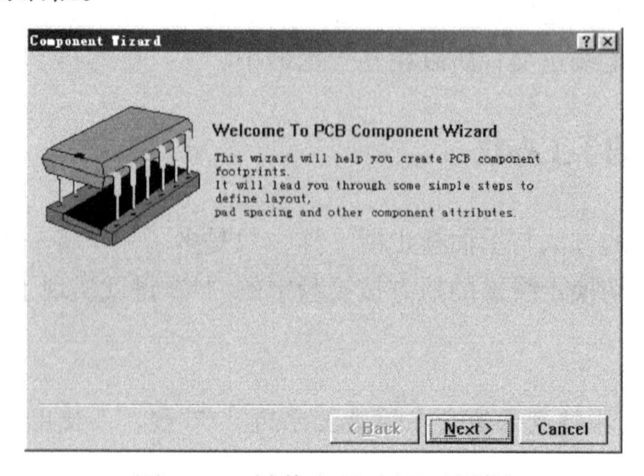


图9.16 封装向导欢迎对话框

单击图 9.16 中的“Next”按钮，进入图 9.17 所示的元件封装类型选择对话框。图 9.17 中给出了常用封装类型的样板，几乎包括现在所有类型的封装，同时给出了图中标尺的单位，默认值为“Imperial ( mil )”。

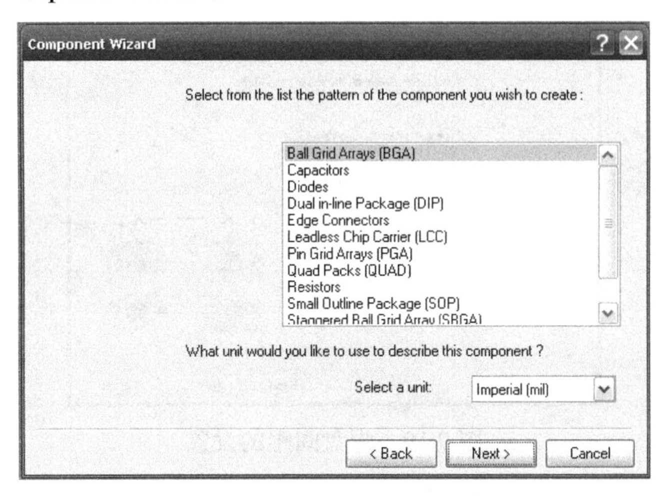


图 9.17 元件封装类型选择对话框

在图 9.17 的下拉式列表中选择需要的样板类型，假设选择的是“Dual in-line Package ( DIP )”，单击对话框中的“Next”按钮，这时出现了如图 9.18 所示的“焊盘、导孔尺寸的设置”对话框，直接单击相应位置的数值就可以进行修改。

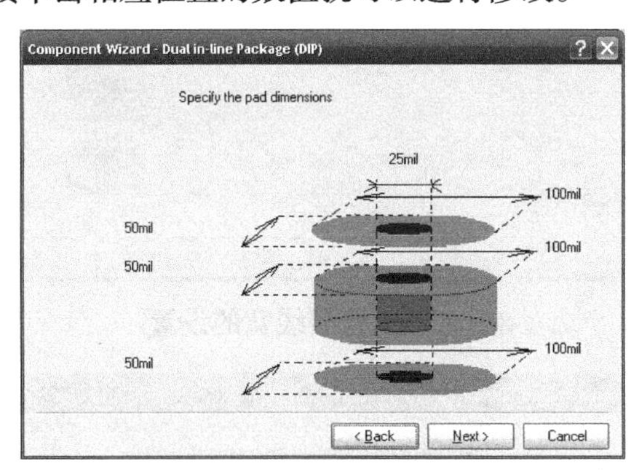


图 9.18 焊盘、导孔尺寸的设置

当焊盘、导孔尺寸设置完毕后，单击“Next”按钮进入如图 9.19 所示的焊盘间距设置对话框，在此可以设置相邻焊盘的间距和两排焊盘间的间距，相邻两焊盘的中心间距一般为 100mil，而两排焊点的间距取决于元件引脚的个数，DIP4 ~ DIP20 为 300mil、DIP22 为 400mil、DIP24 ~ DIP52 为 600mil、DIP64 为 900mil。假设现在要做一个 10 脚的元件，则应将图 9.19 中的“600mil”改为“300mil”。

参数设置完成后单击“Next”按钮，将弹出如图 9.20 所示的元件符号的线宽设置对话框。图中默认线宽为 10mil，Protel 中 PCB 元件封装库的线宽大都是 10mil，故保持原默认值。

在图 9.20 中单击“Next”按钮，进入如图 9.21 所示的“焊点数目设置”对话框，假设设计要求焊点数为 10，则在图 9.21 所示焊点数目中输入“10”，即左右各 5 个焊点。

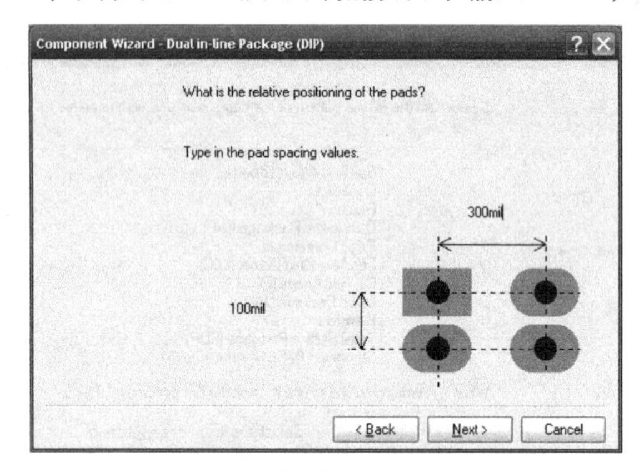


图 9.19　焊盘间距的设置

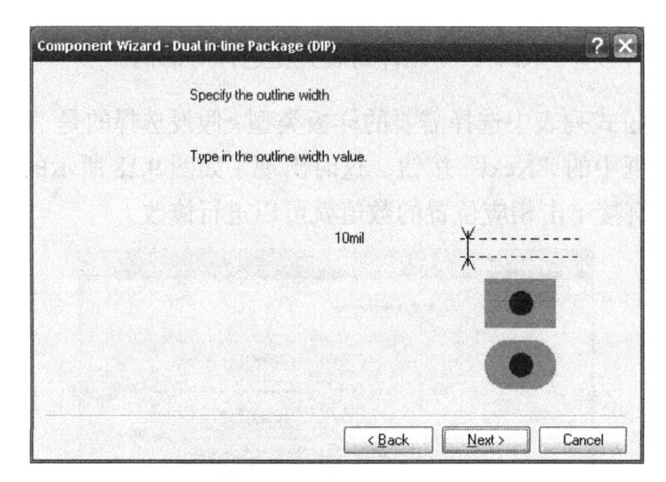


图 9.20　符号线宽的设置

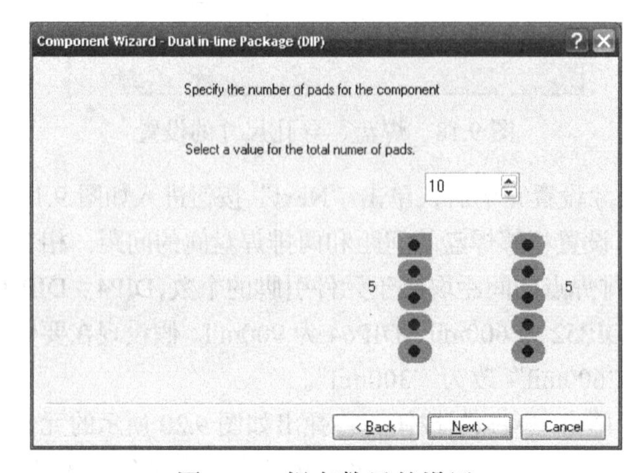


图 9.21　焊点数目的设置

在图 9.21 中单击“Next”按钮，弹出如图 9.22 所示的“输入封装代号”对话框，默认为 DIP10。

单击图 9.22 中的“Next”按钮就会弹出一个完成设计工作的对话框，单击“Finish”按钮，这时一个封装代号为 DIP10 的元件就建立起来了。

执行“File”菜单中的“Save”命令可将该元件存入 mylib.lib 文件中。

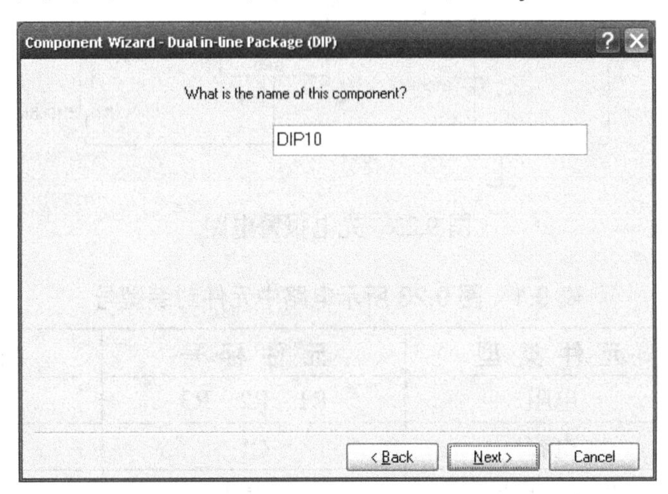


图 9.22　“输入封装代号”对话框

### 9.3.2　新建元件封装的使用

前面已经讲述了建立新的元件封装的方法，新建的封装放在 mylib.lib 的 PCB 库文件中，在进行印制电路设计时通过“Design”菜单中的“Add/Remove Library”命令将 mylib.lib 库调入到当前编辑的 PCB 文件中，就可以直接调用所设计的元件封装了。

## 习题

1. 试述手工布线的方法。
2. 说明在对象调整中拖动和移动操作的区别，并说明各用于什么场合。
3. 在单面板上用手工完成图 9.23 所示电路的走线工作，已知电路中各元件的封装型号如表 9.1 所示。

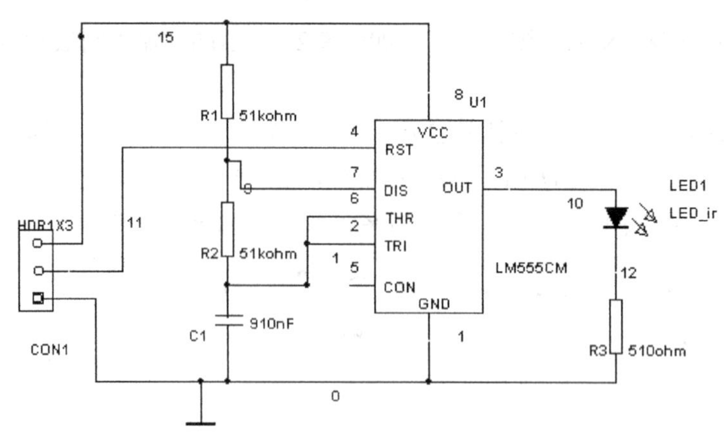


图 9.23　光电报警电路

**表 9.1　图 9.23 所示电路中元件封装型号**

| 序　　号 | 元件类型 | 元件标号 | 封装型号 |
|---|---|---|---|
| 1 | 电阻 | R1、R2、R3 | AXIAL0.3 |
| 2 | 电容 | C1 | RAD0.2 |
| 3 | 发光二极管 | LED1 | RAD0.2 |
| 4 | 连接器 | CON1 | SIP3 |
| 5 | 555 定时器 | U1 | DIP8 |

4. 在 70mm×50mm 的双面电路板上用手工走线完成图 9.24 所示电路的走线工作。图中 U1、U3 封装为 DIP16，U5、U6 为 DIP14，CON1 为 SIP4，CON2、CON3 为 SIP8，集成电路 VCC 和 GND 未标注。

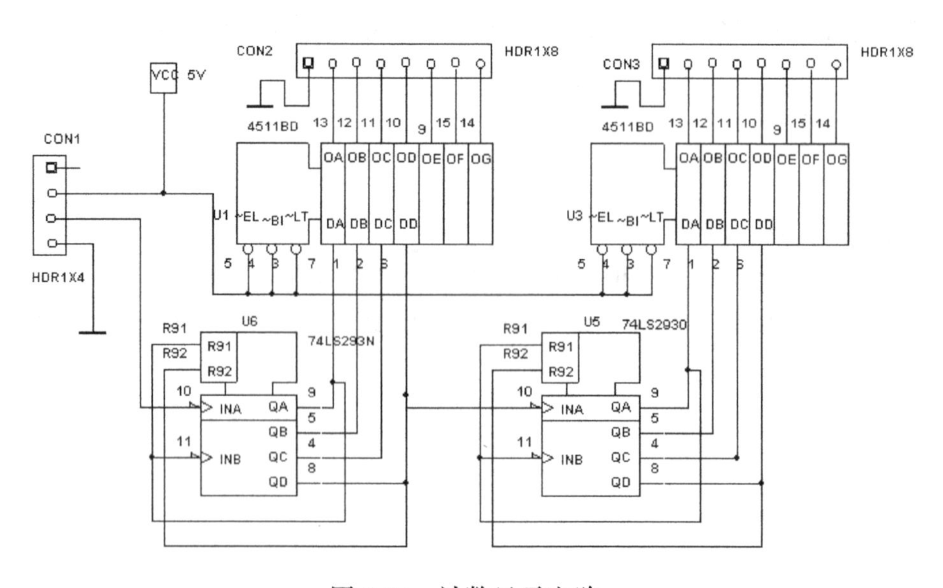


图 9.24　计数显示电路

第10章

# 电路板自动设计

电路板自动设计就是自动将电路原理图中元件间的逻辑连接转换为电路板铜膜连接的技术。

电路板自动走线设计需要将电路原理图中的元件封装形式转换为 PCB 软件认识的格式，并且将原理图中各元件的网络连接转换给 PCB 设计软件，这个中间交换数据的过程通常被称为网络表。图 10.1 给出电路板进行自动走线的设计流程。

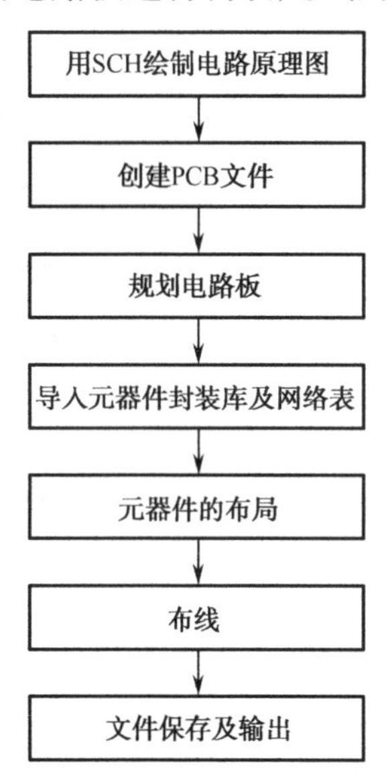


图 10.1　电路板进行自动走线的设计流程

## 10.1　从电路原理图生成网络表

电路原理图中最关键的是电路的逻辑连接和各元件的参数值。只要这些参数值正确，连接线无误，就从原理上表明该电路可以实现某一功能，而电路板中最关键的是元件各焊点位置的布局（实际上就是指不同的封装形式）、各焊点的连接。要实现自动走线功能，就需要原理图在输出网络表文件时不仅包括元件的数值、标号，还应该包括元件的封装形式信息。由于同型的元件具有不同的封装形式及不同的软件封装形式的标识，这就要求在从电路原理图输出前重新设置各元件的封装形式。

## 10.2 自动走线实例

现在把设计实例的原理图转换为 PCB 文件，其文件名为 Pcb1.PcbDoc，并建立板框、元件导入、元件布局和自动走线等步骤。

下面通过一个电路板的设计过程来了解利用自动走线技术进行电路板设计的方法。

### 10.2.1 新建电路板文件并建立板框

在电路板自动布线时应限制走线的区域，这就要求在进行自动走线前应将走线区域定义好，这个区域就是电路板的板框。

（1）在原有的原理图文件中，选择面板标签处“System”→“Files”，如图 10.2 所示。弹出工作窗口，选择“New from templates”→“PCB Board Wizard”选项，如图 10.3 所示。

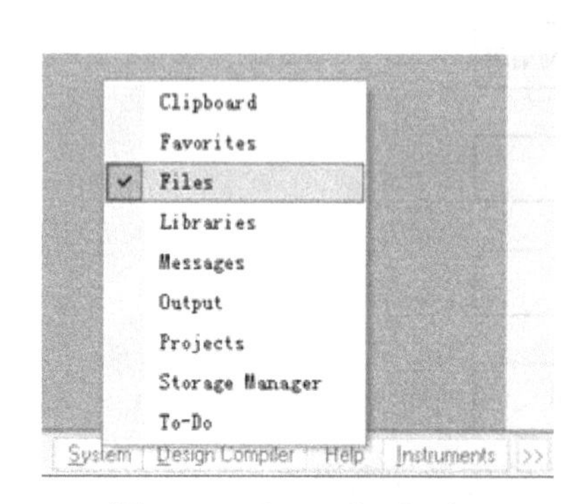


图 10.2 “Files”选项

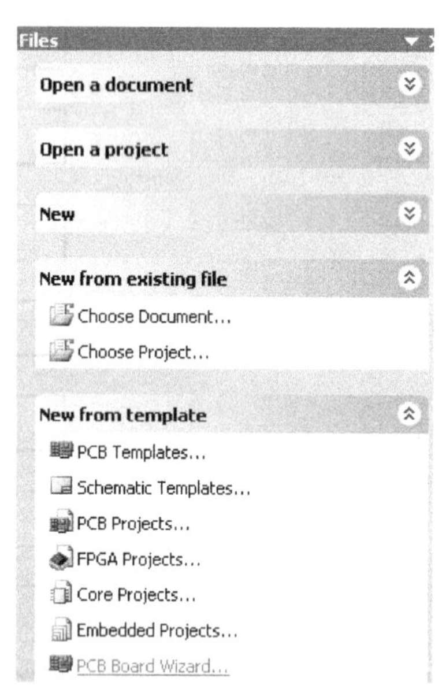


图 10.3 “PCB Board Wizard”选项

（2）出现如图 10.4 所示的启动 PCB 向导。

（3）单击“Next”按钮，系统弹出“度量单位选择”对话框，如图 10.5 所示。默认的度量单位为英制（Imperial），也可以选择公制（Metric），两者的换算关系为 1inch=25.4mm。

（4）单击“Next”按钮，显示“PCB 轮廓选择”对话框，如图 10.6 所示，在对话框中给出了多种工业标准版的轮廓或尺寸，根据设计的需要选择。这里选择自定义 PCB 的轮廓和尺寸，即选择“Custom”。

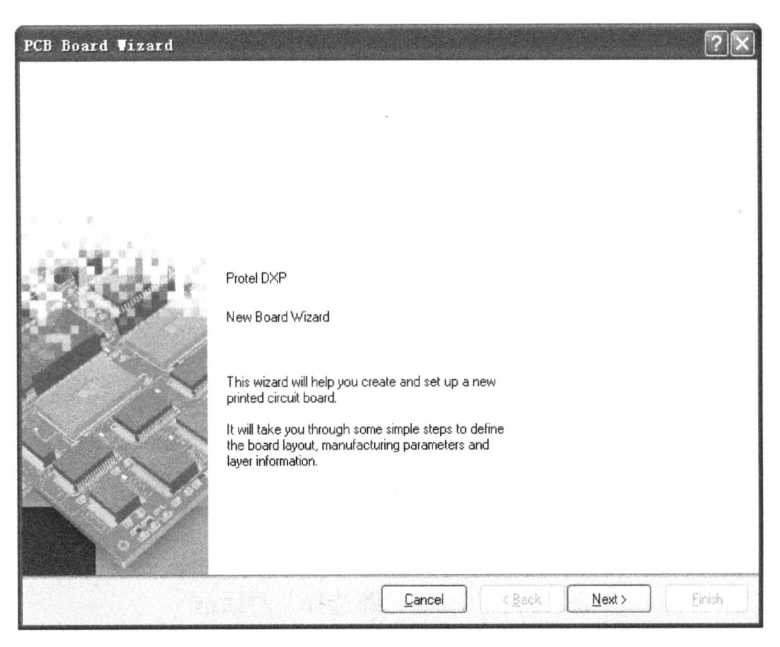


图 10.4 启动 PCB 向导

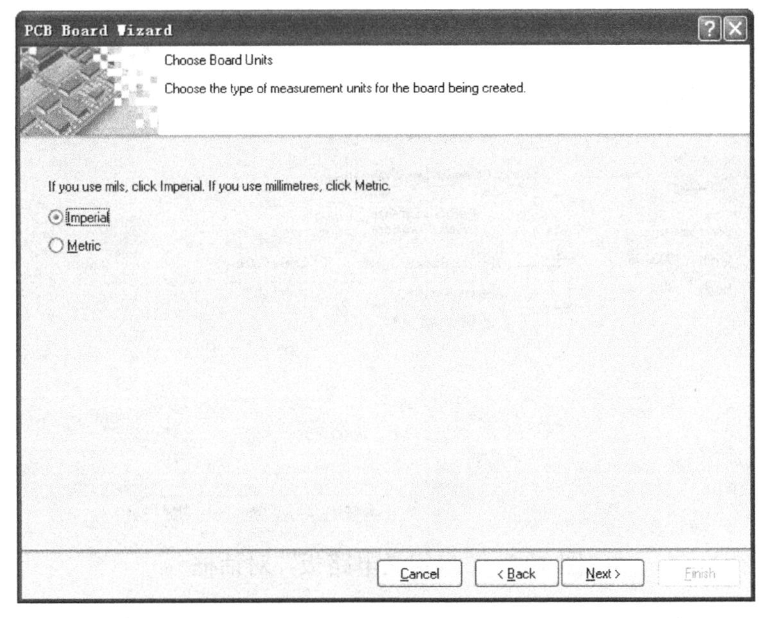


图 10.5 “度量单位选择”对话框

（5）单击“Next”按钮，显示“自定义电路板”对话框，如图 10.7 所示。“Outline Shape”确定 PCB 形状，有矩形（Rectangular）、圆形（Circular）和自定义形（Custom）3 种。Board Size 定义 PCB 的尺寸，在“Width”和“Height”栏中输入尺寸即可。本例中 PCB 设置为 5000mil×4000mil 的电路板。

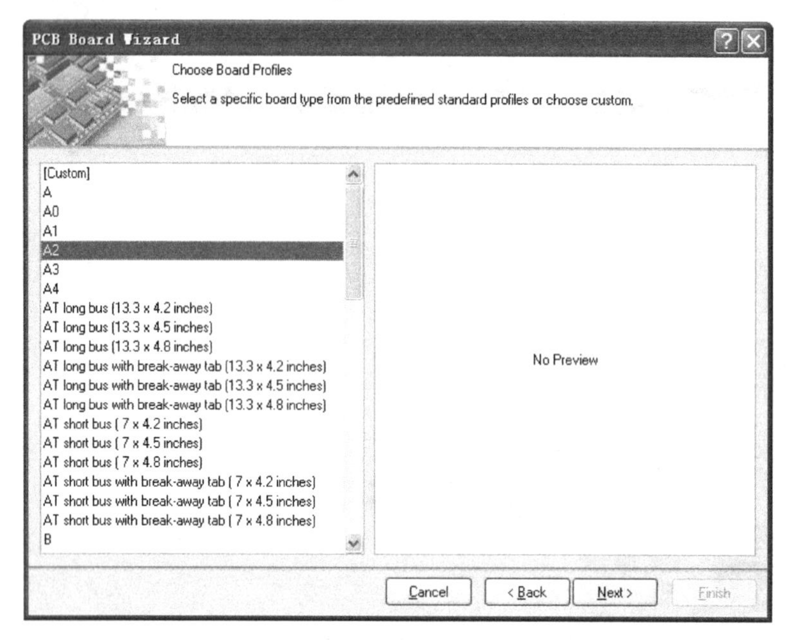


图 10.6 “PCB 轮廓选择”对话框

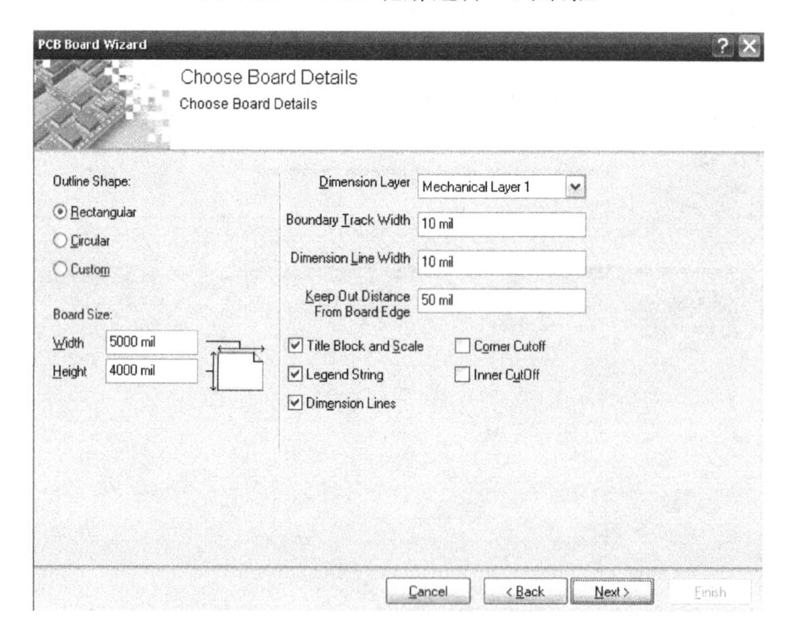


图 10.7 “自定义电路板”对话框

（6）单击“Next”按钮，显示“PCB 层数设置”对话框，如图 10.8 所示。设置“Signal Layers”（信号层）数和“Power Planes”（电源层）数。本例设置两个信号层和两个电源层。

（7）单击“Next”按钮，显示“导孔类型选择”对话框，如图 10.9 所示。该对话框有两个类型选择，即“Thruhole Vias only”（穿透式导孔）和“Blind and Buried Vias only”（盲导孔和隐藏导孔）。如果是双面板则应选择穿透式导孔。

PCB Board Wizard
Choose Board Layers
Set the number of signal layers and power planes suitable for your design.
Signal Layers:
2
Power Planes:
2
Cancel
< Back
Next >
Finish

图 10.8　“PCB 层数设置”对话框

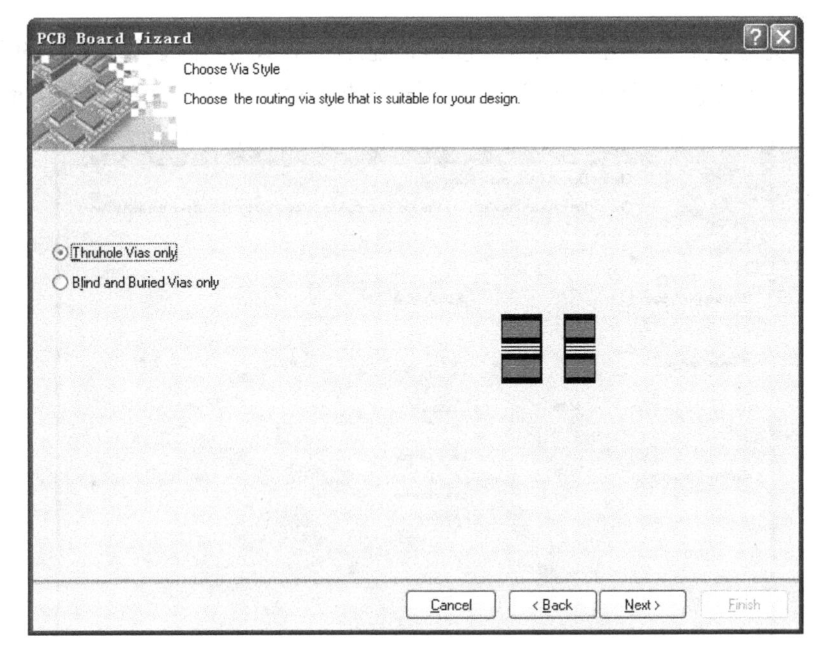


图 10.9　“导孔类型选择”对话框

（8）单击“Next”按钮，显示“设置元器件和布线技术”对话框，如图 10.10 所示。设置相邻焊盘之间的导线数，本例选用的是“One Track”。

**注意**

本例选用的是“Through-hole components”(穿孔式安装元器件)

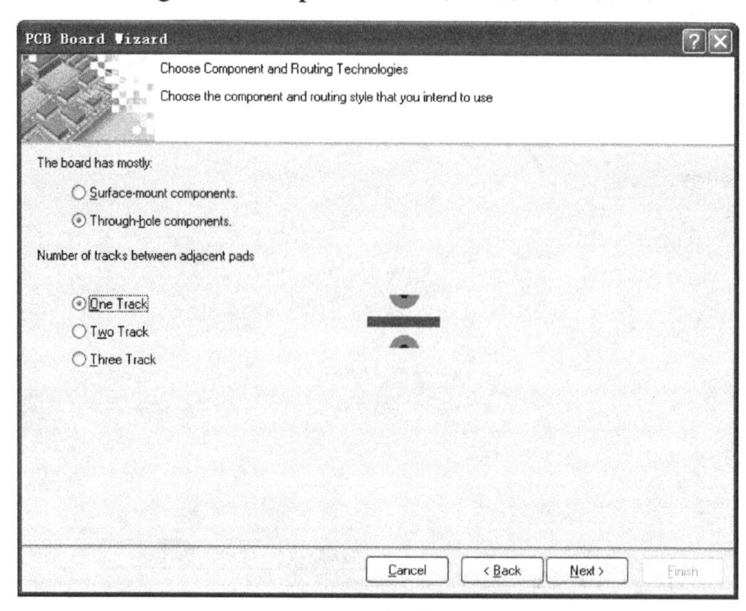


图 10.10 “设置元器件和布线技术”对话框

(9)选择完参数后，单击“Next”按钮，显示“导线/导孔尺寸设置”的对话框，如图 10.11 所示。主要设置导线的最小宽度、导孔的尺寸和导线之间的安全距离等参数。

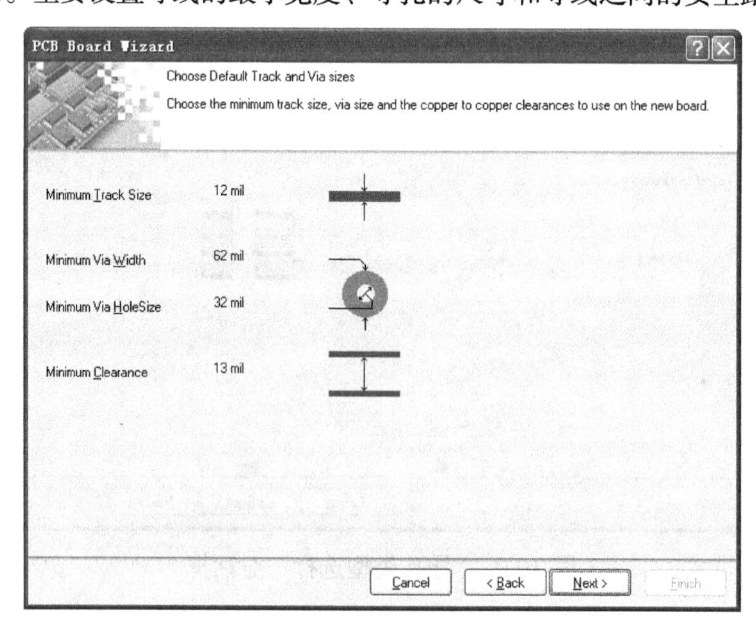


图 10.11 “导线/导孔尺寸设置”对话框

(10)单击“Next”按钮，出现“PCB 向导完成”对话框，如图 10.12 所示。

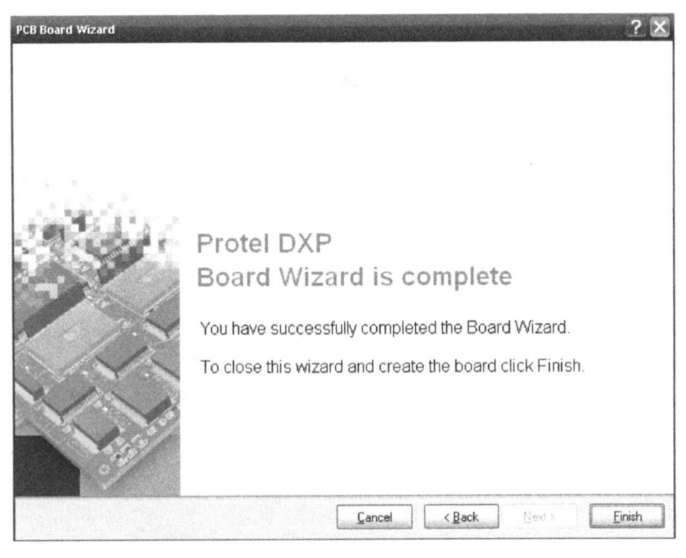


图 10.12 “PCB 向导完成”对话框

### 10.2.2 装入网络表文件

完成了板框的设置工作,设计管理面板上将出现电路板的编辑窗口，这时执行“Design”菜单中的“Load Net”命令，此时会弹出如图 10.13 所示的“网络表选择”对话框，选择当前设计数据库中的 aa.net 文件。如果 aa.net 文件中的元件封装型号与 Altium Designer 2004 封装型号不一致，就会在 Error 列中显示出来，这时用户可以双击该行，修改封装代号为 Altium Designer 2004 的封装号就可以了。

Engineering Change Order

| E... | Action | Affected Object | | Affected Document | Check | Done | Message |
|---|---|---|---|---|---|---|---|
| | Add Component Cl | | | | | | |
| ✔ | Add | Sheet111 | To | PCB2.PcbDoc | ✔ | ✔ | |
| | Add Components(7 | | | | | | |
| ✔ | Add | C1 | To | PCB2.PcbDoc | ✔ | ✔ | |
| ✔ | Add | C2 | To | PCB2.PcbDoc | ✔ | ✔ | |
| ✔ | Add | Q1 | To | PCB2.PcbDoc | ✔ | ✔ | |
| ✔ | Add | R1 | To | PCB2.PcbDoc | ✔ | ✔ | |
| ✔ | Add | R2 | To | PCB2.PcbDoc | ✔ | ✔ | |
| ✔ | Add | R3 | To | PCB2.PcbDoc | ✔ | ✔ | |
| ✔ | Add | R4 | To | PCB2.PcbDoc | ✔ | ✔ | |
| | Add Nets(5) | | | | | | |
| ✔ | Add | GND | To | PCB2.PcbDoc | ✔ | ✔ | |
| ✔ | Add | NetC1_1 | To | PCB2.PcbDoc | ✔ | ✔ | |
| ✔ | Add | NetC2_1 | To | PCB2.PcbDoc | ✔ | ✔ | |
| ✔ | Add | NetQ1_1 | To | PCB2.PcbDoc | ✔ | ✔ | |
| ✔ | Add | NetR1_1 | To | PCB2.PcbDoc | ✔ | ✔ | |
| | Add Rooms(1) | | | | | | |
| ✔ | Add | Room Sheet111 (Scc | To | PCB2.PcbDoc | ✔ | ✔ | |

Validate Changes　Execute Changes　Report Changes...　Only Show Errors　Close

图 10.13 “网络表选择”对话框

单击图 10.13 中的“Execute”按钮就可以将网络表装入“电路编辑窗口”中了，图 10.14 所示为装入网络表后的编辑窗口。

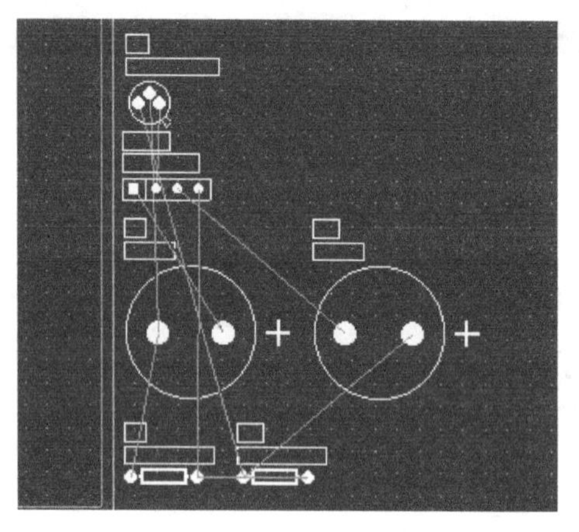

图 10.14 装入“网络表编辑”窗口

## 10.2.3 放置元件

网络表调入后需要对元件进行排布，Altium Designer 2004 中元件的排布可分为手工排布和自动排布两种，手工排布的方法在手工走线中已经介绍，下面使用自动排布元件的方法来放置元件。

在电路板编辑窗口中执行“Tools”菜单中的“Auto Placement”命令来自动放置元件。如果自动放置的元件位置不能符合用户要求，自动放置完后再用手工方法进行适当的调整。

## 10.2.4 自动走线

自动走线实际上利用网络表中引脚之间的连接关系转换为铜膜连接。通过执行“Auto Route”菜单中的“All”命令来实现自动走线功能，执行命令后，会弹出如图 10.15 所示的对话框，直接单击“Route All”按钮，这时就会出现如图 10.16 所示的自动走线后的效果。

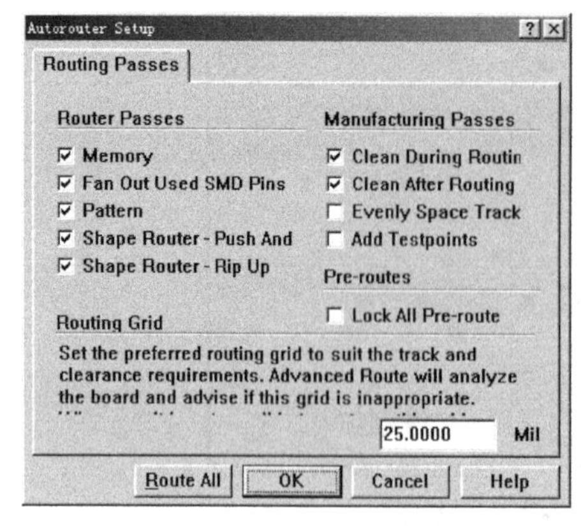


图 10.15 “自动走线”对话框

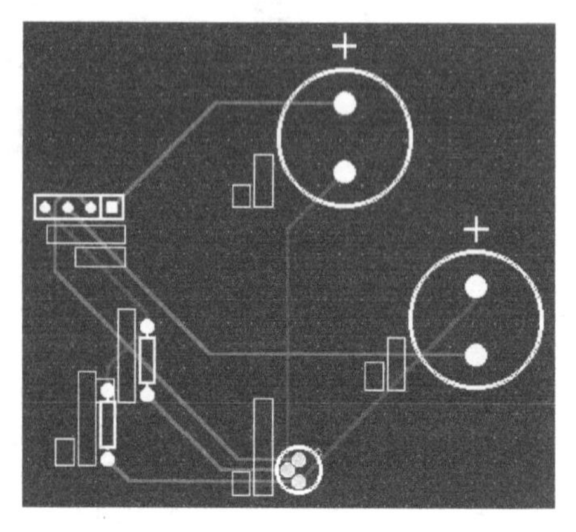

图 10.16 自动走线后的效果

完成上述步骤后存盘、打印，就完成了整个电路板的设计工作。

第11章

# 复杂可编程逻辑器件设计

## 11.1 复杂可编程逻辑器件设计概述

可编程逻辑器件 PLD 是 20 世纪 80 年代发展起来的新型器件，PLD 是一种由用户根据自己的需要来设计逻辑功能并对此器件进行编程后才实现所需要功能的器件。

数字电路的集成电路通常为标准的小规模、中规模、大规模的器件，而这些器件的逻辑功能出厂时已经由厂商设计好了，用户只能根据其提供的功能及引脚设计所需要的电路。由于这些器件考虑到其通用性，在使用时有许多功能是多余的；并且由于引脚的排布是固定的，在设计 PCB 时会给电路的连线带来极大不便；而 PLD 内部具有大量组成数字电路的最小单元——门电路，这些门电路并没有固定的连接，并且输入/输出脚的连接可以自己设置，门电路的连接是通过编程的方法加以设计，故这种电路会给使用带来极大方便。

从数字逻辑电路知识可知，任一逻辑函数都可以写成与或表达式的形式（也可以是或与表达式的形式），欲实现组合逻辑的功能可将其分为与逻辑部分及或逻辑部分，于是任一组合逻辑电路按图 11.1 所示的步骤就可以实现了。

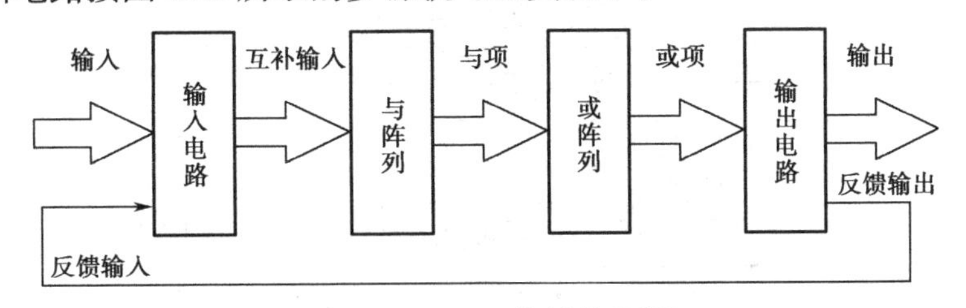


图 11.1 PLD 的结构框图

在图 11.1 中将所有的逻辑电路分为输入电路、与阵列、或阵列、输出电路几部分。输入电路用于对输入信号进行缓冲，并产生原变量和反变量两个互补的信号供与阵列使用。与阵列和或阵列用于实现各种与或结构的逻辑函数，若进一步与逻辑电路的输出反馈电路配合可实现各种复杂的逻辑功能。输出电路则有多种形式，可以是三态门的输出；也可以是双向的输出；或是一个多功能的输出宏单元，使 PLD 的功能更加灵活、完善。

常用的 PLD 可以根据编程的规模分为小规模可编程逻辑器件和复杂可编程逻辑器件（CPLD）等。常见的小规模可编程逻辑器件如 GAL、PAL 等，GAL 采用 $E^2$CMOS 技术，可以做到多次编程；PAL 是一次性编程，现在很少使用；PAL 的改进型 PALCE 与 GAL 相似，也是使用 $E^2$CMOS 技术的，是可以重复使用的。常见的 CPLD 器件有 Lattice 公司 ispLSI、MACH 系列，Altera 公司的 FLEX、MAX 系列等，这些 CPLD 器件大多支持在系统可编程（In System Programmable）技术，更改芯片逻辑功能时不必将芯片取下来进行编程，而是借助计算机通过一根专用电缆直接进行编程。

图 11.2 所示为 GAL16V8 的内部结构图，从图上可见 GAL16V8 是一种与项可编程或项固定的结构，图中每个纵横交叉的点是一个编程节点，通过对各节点的编程可以获得各种与项；输出端 OLMC 框图是一个输出宏单元，用户可以通过编程定义输出的结构（如寄存器输出、三态门输出等）或将某一输出端定义为输入端。

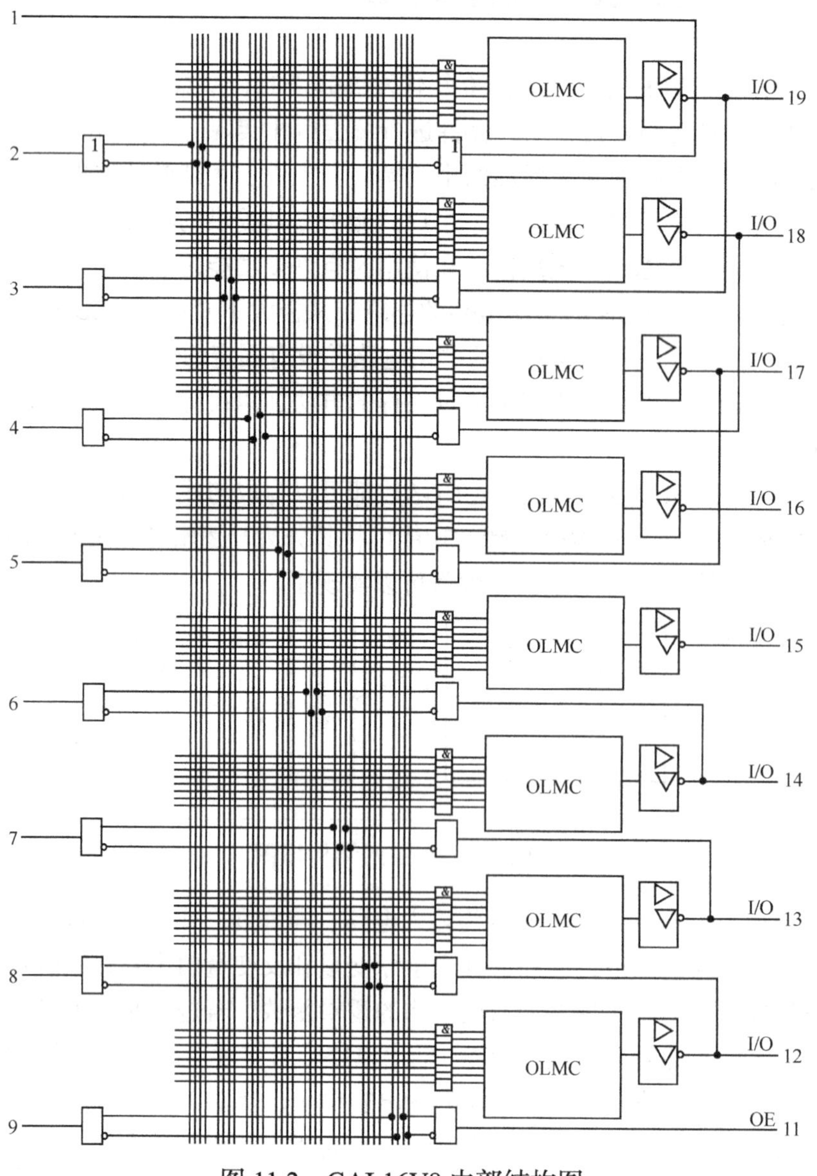


图 11.2　GAL16V8 内部结构图

GAL16V8 的输入/输出端较少，而且可编程的单元较少，所以只能实现一些简单的逻辑功能，如果需要实现的功能较复杂，就需要使用多片 GAL 器件，这将使设计变得复杂，需要使用更大规模可编程逻辑器件来实现。图 11.3 所示为 Lattice 公司 ispLSI 2000 系列的内部结构框图，它由全局布线区 GRP（Global Routing Pool）、通用逻辑块 GLB（Generic Logic Block）、输入/输出单元 IOC（Input Output Cell）、输出布线区 ORP（Output Routing Pool）和时钟分配网络 CDN（Clock Distribution Network）等几部分组成。

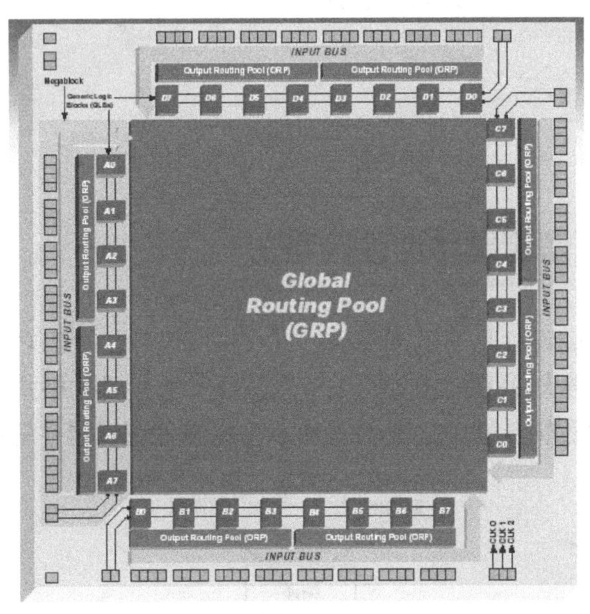


图 11.3 Lattice 公司 ispLSI 2000 系列的内部结构框图

（1）全局布线区 GRP（Global Routing Pool）。该区域位于芯片的中央，其任务是将所有片内逻辑连接在一起，供设计时使用。

（2）通用逻辑块 GLB（Generic Logic Block）。GLB 是在图 11.3 中 GRP 的四周，每边 8 块（对应于 A0 ~ A7、B0 ~ B7、C0 ~ C7、D0 ~ D7），共 32 块，图 11.4 所示为 GLB 的内部结构图，其构成与 GAL 器件结构类似，但功能较 GAL 来得强大。

（3）输入/输出单元 IOC（Input Output Cell）。输入/输出单元是图 11.3 所示最外层的小方块，该输出单元与 GAL 的输出宏单元有些类似，它将输入/输出单元定义为输入、输出和双向 3 种模式，还可以定义含有寄存器的输入或输出。

（4）输出布线区 ORP（Output Routing Pool）。ORP 是介于 GLB 和 IOC 之间的可编程互联阵列。从输入端到输出端有多个可编程区域，这使得编程灵活性更大。

（5）时钟分配网络 CDN（Clock Distribution Network）。从图 11.3 所示的结构图上可以看到其右下角有 3 个时钟输入端，这 3 个时钟输入通过时钟分配网络送到可编程单元。由于这 3 个时钟输入是引到所有寄存器的，因此 ispLSI 系列仅能实现同步时序电路。

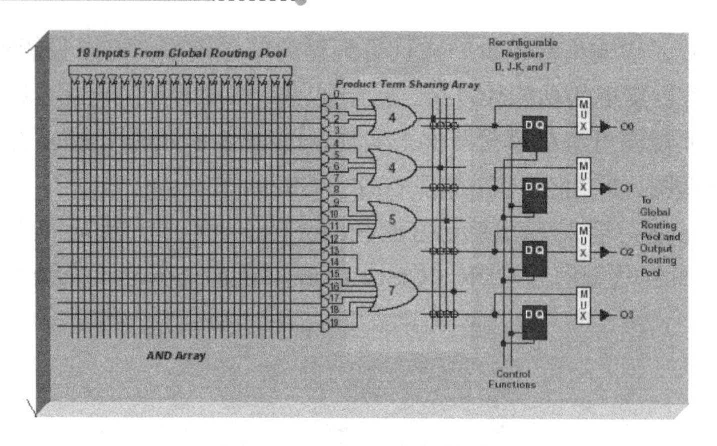


图 11.4　GLB 内部结构

## 11.2　可编程逻辑器件的设计方法

可编程逻辑器件的设计是通过某种描述方式将所设计的逻辑功能进行描述，利用计算机软件将其描述的逻辑关系转换为可编程逻辑器件所接受的格式，再借助一定的设备将其数据写入可编程逻辑器件中。图 11.5 所示为可编程逻辑器件的设计流程。

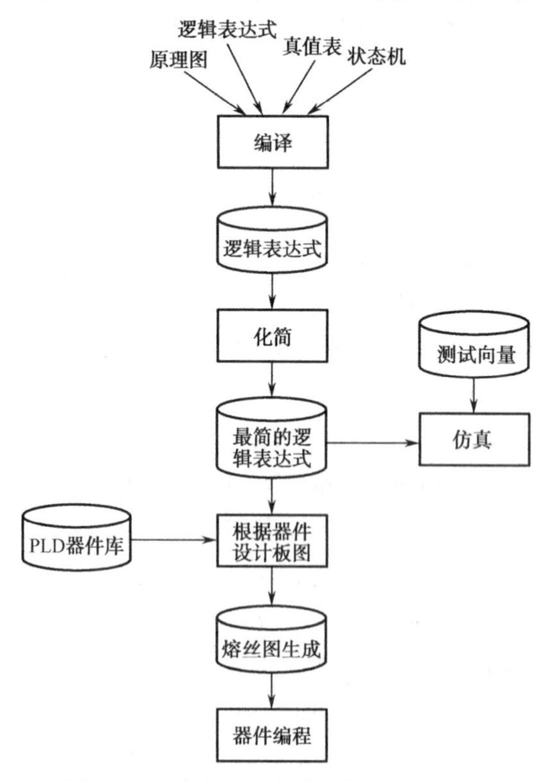


图 11.5　可编程逻辑器件的设计流程

在可编程逻辑器件的设计中对逻辑的描述通常使用原理图和硬件描述语言描述两种

方法。硬件描述语言描述的是利用语言对逻辑关系进行描述，通常使用的硬件描述语言有 ABEL-HDL、VHDL 和 Verilog-HDL 等几种，本书仅介绍 ABEL-HDL 语言，另外两种语言的使用方法请参阅有关资料。

### 11.2.1 硬件描述语言

ABEL-HDL 语言是一种简单的硬件描述语言，可以方便地进行可编程逻辑器件的设计，下面简单介绍一下对电路的描述方法。

#### 1. ABEL-HDL 语言的一般说明

ABEL-HDL 语言是一种用来描述电路逻辑功能的语言，它与其他计算机语言一样有一些关键字及一些规定。

（1）ABEL-HDL 语言中的常量

ABEL-HDL 语言除了常用的逻辑 1 和 0、十进制及二进制表示的数外，还有一些特殊的常量，表 11.1 列出了一些 ABEL-HDL 语言中常见的逻辑常量。

表 11.1 ABEL-HDL 语言中常见的常量

| 常量符号 | 说明 | 常量符号 | 说明 |
|---|---|---|---|
| H | 逻辑高电平 | L | 逻辑低电平 |
| .C. | 时钟输入（电平从低—高—低变化） | .K. | 时钟输入（电平从高—低—高变化） |
| .U. | 时钟上升沿（电平从低—高变化） | .D. | 时钟下降沿（电平从高—低变化） |
| .X. | 任意态 | .Z. | 高阻态 |

（2）ABEL-HDL 语言的逻辑运算

代数运算中的各种逻辑运算在 ABEL 中用专门的符号来表示，表 11.2 列出了基本的逻辑运算符号。

表 11.2 逻辑运算符号

| 运算符号 | 优先级 | 功能 | 举例 | 含义 |
|---|---|---|---|---|
| ! | 1 | 取反 | !（AB） | $\overline{AB}$ |
| & | 2 | 与逻辑 | A&B | $A \cdot B$ |
| # | 3 | 或逻辑 | A#B | $A+B$ |
| $ | 4 | 异或逻辑 | A$B | $A \oplus B$ |
| !$ | 4 | 同或逻辑 | A!$B | $A \odot B$ |

（3）赋值运算符号

赋值运算符号分为门电路赋值和寄存器电路赋值，门电路是输入变化，输出立即变化，故赋值使用“=”；而寄存器的输出状态还取决于时钟状态，使用的赋值符号为“:=”，如D触发器的特征方程可表示为Q:=D。

（4）逻辑器件的描述

所有逻辑电路可表示为门电路和寄存器电路的组合。由门电路构成的电路可以直接用表达式进行描述，如一个半加器可描述为：

OUT_C=A&B

OUT_S=A$B

对由寄存器电路构成的电路进行描述有一些困难，ABEL-HDL引入了点后缀的方法来表示。表11.3列出了常见的点后缀。

表11.3　ABEL-HDL使用的部分点后缀

| 点　后　缀 | 含　义 | 说　明 |
|---|---|---|
| .CLK | 边沿触发器的时钟输入 | |
| .FB | 寄存器反馈信号 | |
| .AP | 寄存器异步置1 | 对于计数器，意味着将置为最大数 |
| .AR | 寄存器异步清零 | |

### 2. ABEL-HDL的源文件结构

ABEL-HDL语言中描述电路的功能可以通过逻辑方程、真值表和状态图等几种方法来进行描述。

（1）逻辑方程描述

下面以半加器为例来说明用逻辑方程书写的ABEL-HDL语言的源程序。半加器的输入为A、B，输出为S，进位为C，源程序如下。

```
MODULE HSUM                                   //模块定义，HSUM为模块名
    A,B pin ;                                 //定义信号的引脚和属性
    S,C pin istype  'com';                    //表示C，S为组合逻辑输出
EQUATIONS                                     //方程式关键字，下面为逻辑方程
    S=A$B;
    C=A&B;
TEST-VECTORS    ([A,B] → [C,S])               //测试向量关键字，下面为测试向量
                [0,0] → [0,0];
                [0,1] → [0,1];
                [1,0] → [0,1];
                [1,1] → [1,0];
END                                           //结束模块
```

从上面源程序可以看出，ABEL-HDL 源程序可分为标题段、定义段、逻辑描述段、测试向量段和结束段等几部分。

① 标题段。一般包括模块语句和标题语句。模块语句是源文件的必要元素，它标志模块的开头与 END 语句相呼应。模块语句的关键词为 MODULE，其书写是可以大小写混用，其后面为模块的名称，如上面源文件中“MODULE HSUM”。

② 定义段。上面源文件的第 2、3 行属于定义段，定义了输入/输出端的引脚和属性。常用的输出端的属性有 COM 和 REG 两种，COM 为组合逻辑电路输出；REG 表示输出为寄存器输出。

除上面例子中的定义外，通常还有常量定义和数组定义，如 C=.C.、X=.X.、OUT=［Q3,Q2,Q1,Q0］等。

③ 逻辑描述段。它可以是逻辑方程式、真值表、状态图或其组合运用，在该段前写上关键字即可。

④ 测试向量段。测试向量段是一个可选段，用来检查逻辑描述段的描述是否能达到预期的结果。测试向量以关键字 TEST-VECTORS 引导。

（2）真值表描述

有些逻辑用逻辑表达式进行描述将非常复杂，但输入输出关系非常明确，这时可以使用真值表描述方法来进行描述。下面的源程序为四输入的优先编码器的真值表描述。

```
MODULE   aaa
     IN3,IN2,IN1,IN0   pin;
     OUT1,OUT0   pin   istype   'COM';
     X=.X.;
TRUTH-TABLE ([ IN3,IN2,IN1,IN0 ] → [ OUT1,OUT0 ])
                    [ 0,X,X,X ] → [ 0,0 ] ;
                    [ 1,0,X,X ] → [ 0,1 ] ;
                    [ 1,1,0,X ] → [ 1,0 ] ;
                    [ 1,1,1,0 ] → [ 1,1 ] ;
END
```

真值表描述不仅可以描述组合逻辑电路，还可以描述时序电路，下面这个源程序就是一个可逆计数的源程序。

```
MODULE   RCOUNT
CLK,CTRL   pin ;
Q1,Q0   pin   istype   'REG';
QQ= [ Q1,Q0 ] ;
X=.X.;
```

```
EQUATIONS
QQ.CLK=CLK;
TRUTH_TABLE ([CTRL,QQ]:>QQ)
                  [0,0]:>1;
                  [0,1]:>2;
                  [0,2]:>3;
                  [0,3]:>0;
                  [1,0]:>3;
                  [1,3]:>2;
                  [1,2]:>1;
                  [1,1]:>0;
END
```

（3）状态图描述

状态图是用语言的方法将所有可能的状态都列举出来，并且注明当输入满足一定条件后其下一个状态是什么？如上面例子中的可逆计数器当前状态为00，下一个状态取决于CTRL的状态，当其为高电平时，下一个状态为11，而CTRL为低电平时，下一个状态为01，利用状态图描述法可以将上面例子源程序改为：

```
MODULE  RCOUNT
CLK,CTRL  pin;
Q1,Q0  pin  istype  'REG';
QQ=[Q1,Q0];
EQUATIONS
QQ.CLK=CLK;
STATE_DIAGRAM  (QQ)
STATE  0:  IF  CTRL= =1  THEN  3  ELSE  1;
STATE  1:  IF  CTRL= =1  THEN  0  ELSE  2;
STATE  2:  IF  CTRL= =1  THEN  1  ELSE  3;
STATE  3:  IF  CTRL= =1  THEN  2  ELSE  0;
END
```

## 11.2.2 原理图描述

原理图描述就是在PLD设计软件中根据软件提供的绘图软件，绘制设计的原理图，由软件将原理图转换为逻辑表达式。

可编程逻辑器件设计可以使用语言进行描述，也可以使用原理图来加以描述，在可

编程逻辑器件设计时可以单独使用，也可以混合使用，在可编程逻辑器件设计中广泛采用“自顶而下”的设计方法，即将需要实现的系统用几个框图来描述,再利用语言或原理图对各部分的设计进行描述，最后实现整个功能。

## 11.3　可编程逻辑器件设计软件

ispDesignEXPERT 软件是 Lattice 公司的 PLD 设计软件。设计输入可采用原理图、硬件描述语言、混合输入 3 种方式，硬件描述语言支持 ABEL-HDL、VHDL、Verilog-HDL 等几种语言，能对所设计的数字电子系统进行功能仿真和时序仿真。编译器是此软件的核心，能进行逻辑优化，将逻辑映射到器件中，自动完成布局与布线并生成编程所需要的熔丝图文件。软件支持所有 Lattice 公司的 GAL、PALCE、ispLSI 和 MACH 系列器件。下面介绍一下 ispDesignEXPERT 软件的使用方法。

### 11.3.1　ABEL-HDL 语言输入

#### 1. 新建项目及源文件

（1）启动 ispDesignEXPERT

单击“开始”按钮，在 Lattice Semiconductor 组中执行 ispDesignEXPERT。这时弹出如图 11.6 所示的 ispDesignEXPERT 项目管理器。

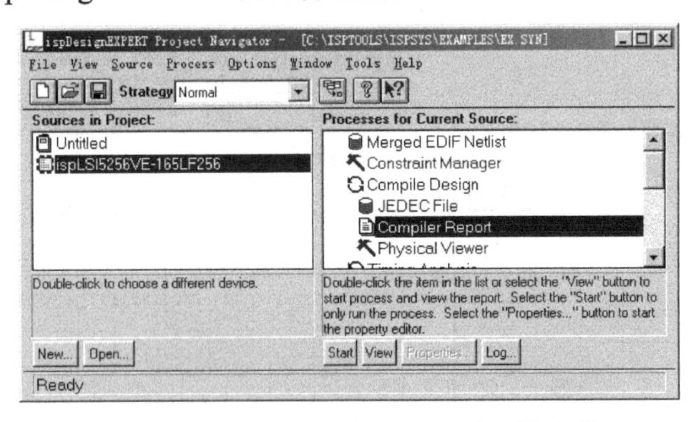


图 11.6　ispDesignEXPERT 项目管理器

（2）新建一个项目

在如图 11.6 所示的项目管理器中执行“File”菜单下的“New Project”命令，在弹出的对话框中的“Project”文本框中输入项目名“ex1”；在“Project Type”下拉列表框中选择“Schematic/ABEL”，单击“保存”按钮，这时主界面的标题栏上显示出项目文件的位置及文件名。

（3）选择器件

双击项目管理器左边窗口中的 ispLSI5256VE-165LF256，会弹出如图 11.7 所示的对话框，在“Select Device”栏中选择“ispMACH 4A3”系列的“M4A3-32/32”，单击“OK”按钮。

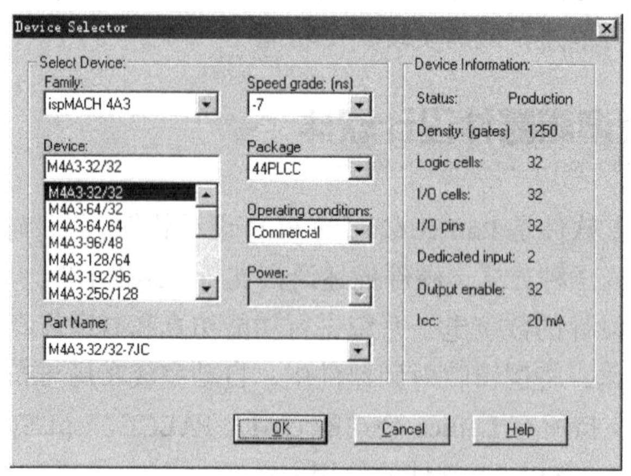


图 11.7 “器件选择”对话框

（4）新建源文件

执行“Source”菜单中的“New”命令，在弹出的“New Source”对话框中选择源文件为“ABEL-HDL Module”，单击“OK”按钮弹出如图 11.8 所示的模块名及文件名输入对话框，在“Module Name”文本框中输入“Coder”，单击“OK”按钮，这时进入源文件编辑器，就可以输入源文件了。

在源文件编辑器中输入源文件，图 11.9 所示为输入了一个四输入的优先编码器源文件的情形。

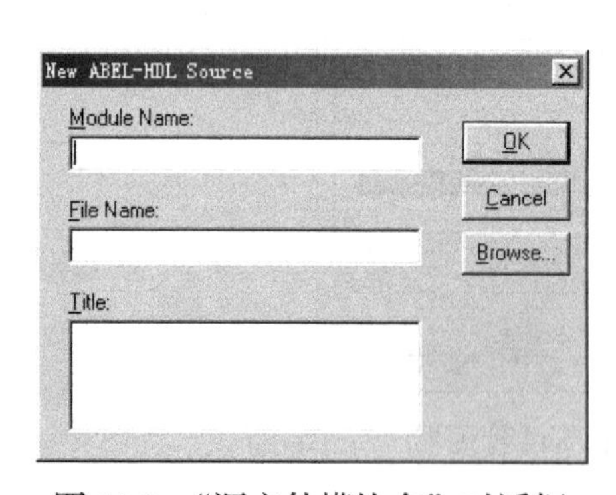


图 11.8 “源文件模块名”对话框

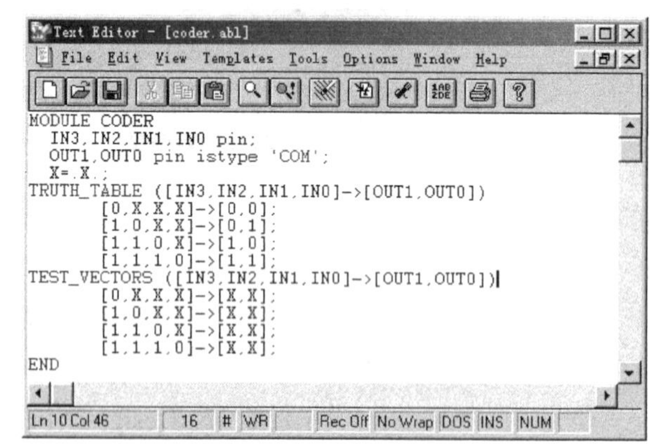


图 11.9 源文件编辑器

输入完源文件后关闭源文件编辑器，这时项目管理器左边窗口中将增加两项，一项是 CODER（CODER.ABL），表示为 ABEL-HDL 源文件；另一项为 CODER-VECTORS，是模块文件 CODER 的测试向量文件，测试向量实际包含在 CODER.ABL 文件中。

**2. 编译源文件**

在项目管理器的左边窗口中选择源文件，即 CODER（CODER.ABL）行，在右边窗

口中双击 Compile Logic 行，这时软件可对输入的源文件进行编辑，如果输入无误，则在 Compile Logic 行前面打上勾；如果输入有误将弹出错误对话框。

**注意**

ABEL-DHL 语言中对关键字的大小写不敏感，但变量大小写的结果是不一样的；另外不能使用关键字作为变量名。

### 3. 设计的仿真

源文件编译正确并不能说明设计无误，通常在将设计结果写到器件中前需要对设计进行仿真，以确保设计正确无误。

选择项目管理器左边窗口中的 CODER-VECTORS 行，双击右边窗口中的 Functional Simulation 行，这时弹出如图 11.10 所示的仿真控制窗口（Simulator Control Panel）。

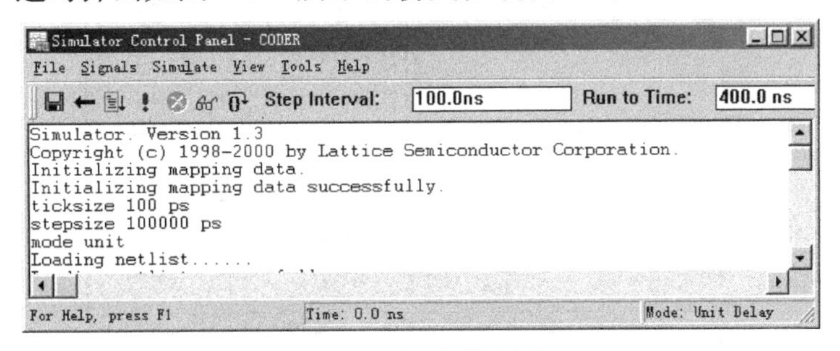


图 11.10　仿真控制窗口

执行图 11.10 中“Simulate”菜单中的“Run”命令，将弹出如图 11.11 所示的仿真波形图。根据仿真波形图可以观察设计结果正确与否。

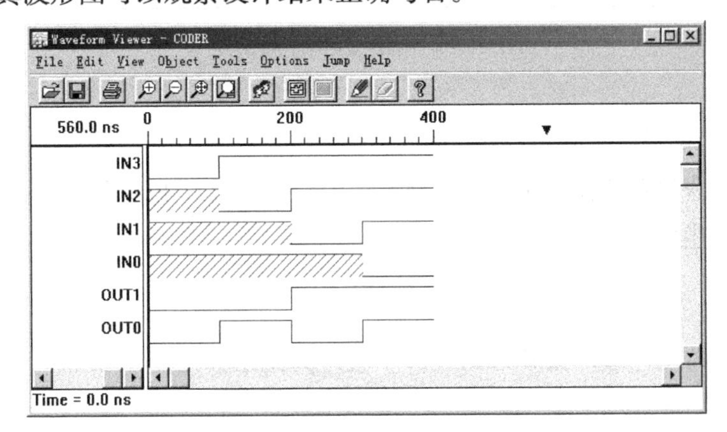


图 11.11　仿真波形结果

### 4. 引脚锁定

在 ABEL-DHL 语言输入时没有将输入/输出端指定到芯片端，在设计经过仿真后就需要将输入/输出端指定到某一特定的 I/O 端口，有两种方法可指定，一种是在 ABEL-HDL

源文件中指定，如上面源文件可以为：

```
IN3, IN2, IN1, IN0 pin2, 4, 5, 6;
OUT1, OUT0 pin 7, 8 istype  'COM';
```

表示将 IN3、IN2、IN1、IN0 四个输入分别指向芯片的 2、4、5、6 脚；而将 OUT1、OUT0 两个输出端指向 7、8 两脚。

另一种方法是利用 Constraint Editor 来编辑。在项目管理器左边窗口中选择 M4A3-32/32，在右边窗口中双击 Constraint Editor 行，在弹出的 Constraint Editor 窗口中执行“Edit”菜单中的“Location Assignment”命令，在图 11.12 所示的对话框中选择输入/输出端，再选择相应的芯片引脚，从而实现输入/输出端引脚的锁定。

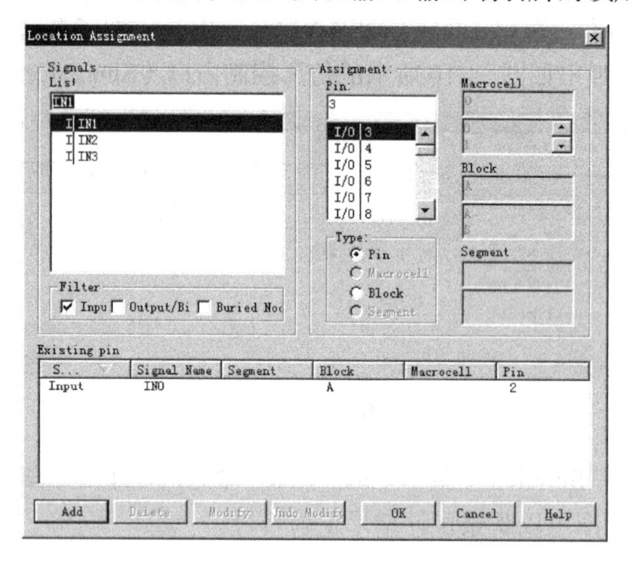


图 11.12　输入/输出端锁定

### 5．熔丝图文件生成

在项目管理器的左边窗口中选择 M4A3-32/32，然后双击右边窗口中的 JEDEC File 行，这时就可以生成熔丝图文件了。

**注意**

熔丝图文件的文件名与项目名一致，扩展名为.JED。

## 11.3.2　原理图输入及混合输入

### 1．原理图绘制

新建一个项目文件，选择器件为“ispLSI 1016E-80LT44”，在新建源文件中选择

“Schematic”，并单击“OK”按钮，在弹出的对话框中输入原理图名为“DEMO”，然后单击“OK”按钮，弹出如图 11.13 所示的原理图编辑器。

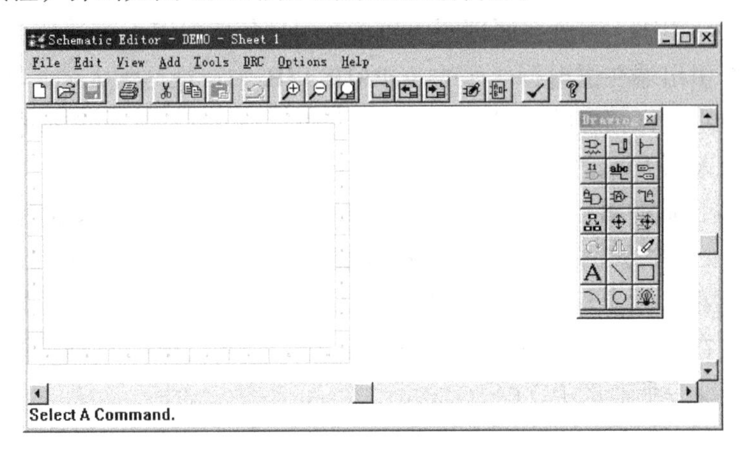


图 11.13　原理图编辑器

（1）逻辑符号的添加

执行“Add”菜单中的“Symbol”命令，将弹出如图 11.14 所示的“逻辑符号库”对话框，这里提供了大量的逻辑符号供绘制原理图时选择。

在如图 11.14 所示的对话框中选择相应的逻辑符号，这时选择的逻辑符号随鼠标指针移动而移动，移到需要放置的位置单击鼠标左键即可；这时逻辑符号仍然在鼠标指针上，还可以在其他位置进行放置操作，如果这种逻辑符号放置完毕可单击鼠标右键。图 11.15 为放置的逻辑符号的情形。

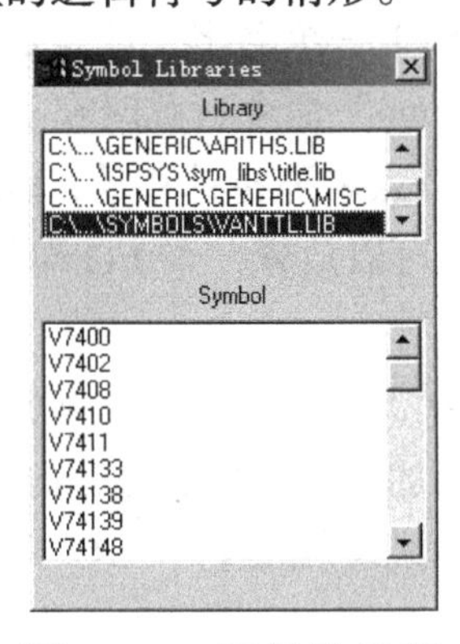


图 11.14　逻辑符号库

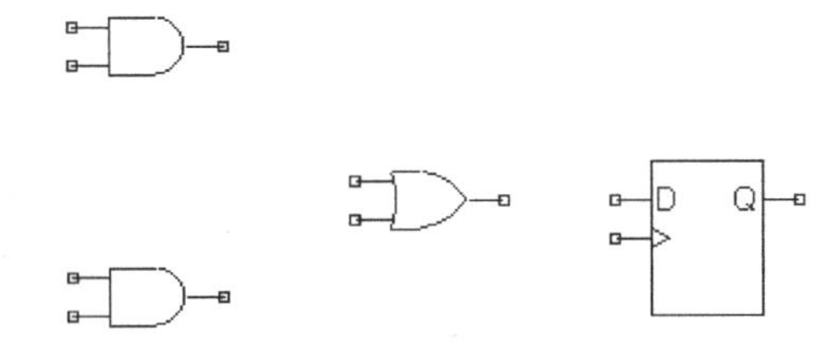


图 11.15　放置的逻辑符号

在图 11.15 所示的电路中，各逻辑符号之间没有用线连接，执行“Add”菜单中的“Wire”命令就可以用来连线了。

**注意**

本软件使用的逻辑符号是 ANSI 标准，与中国的符号标准区别较大，两者的对应关系可参见表 2.1。

（2）引出 I/O 端

上面绘制的原理图仅仅是内部的输入与输出的逻辑关系，这种逻辑关系需要将其引到集成电路的某一引脚，需要在原理图中再将其引到集成电路引脚端加上一个输入/输出的引出端，这个引出端在逻辑符号库的 IOPADS.LIB 中，根据输入端、输出端以及时钟输入端的不同分别选择相应的符号。图 11.16 为加上 I/O 引出端后的原理图。

（3）定义输入/输出端的属性

定义输入/输出端的属性实际上就是定义 I/O 端对应的芯片引脚号。执行“Edit”菜单中的“Attribute”命令中的“Symbol Attribute”选项，这时弹出如图 11.17 所示的符号属性编辑器对话框，用鼠标选中需要定义的 I/O PAD，在图 11.17 右边的窗口中选择“SynarioPin=*”，在上面“SynarioPin”文本框中输入对应的引脚号，再选择下一个 I/O PAD，重复操作直到定义完所有的 I/O PAD。

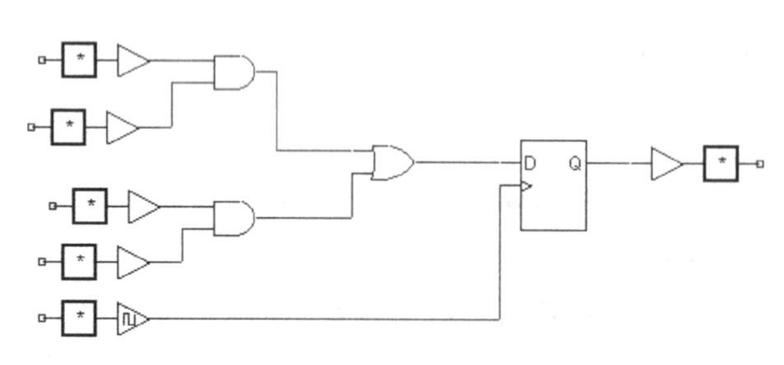


图 11.16　加上 O/I 引出端后的原理图

图 11.17　符号属性编辑器

（4）添加 I/O 节点名和加上 I/O Marker

在原理图中为了区分各输入端，通常给每一个 I/O 端标上一个名字，这里是通过添加节点名的方法进行添加。执行“Add”菜单中的“Net Name”命令，此时在状态栏中将提示输入节点名，输入节点名后按 Enter 键，这时输入的节点名随指针移动，移动到相应 I/O 端，按住鼠标左键，向符号的反方向拖动鼠标，这样就可以放置一个 I/O 端的名字，并画出一根连线。

经过上面绘制后的原理图与图 11.18 所示的原理图还存在区别，主要是节点名上的小方框，这是通过执行“Add”菜单中的“I/O Marker”命令来加上的，根据输入/输出端的特点，在弹出的对话框中选择相应的属性，然后单击输出连线端就加上了 I/O Marker。图 11.18 为完成后的原理图。

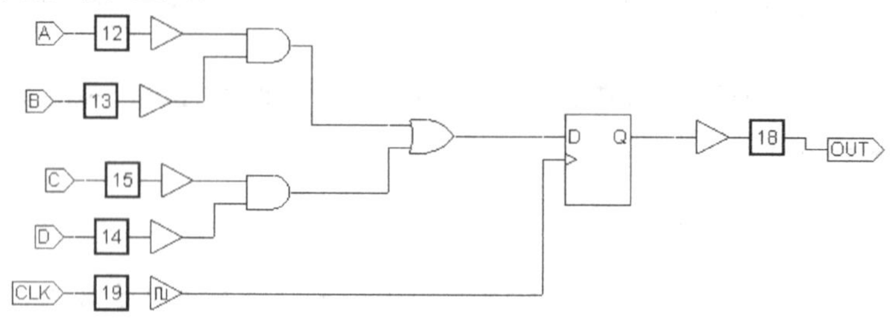


图 11.18　完成后的原理图

完成上面的操作就可以存盘保存其结果，这时在项目管理器的左边窗口中多一行DEMO（DEMO.SCH）。

（5）编辑测试向量

执行项目管理器“Source”菜单中的“New”命令，在对话框中选择“ABEL Test Vectors”，单击“OK”按钮，在弹出的对话框中输入测试向量的文件名“DEMO”，在文本编辑器中输出下面测试向量的源文件。

```
MODULE  DEMO
c，x=.C.,.X.;
CLK,A,B,C,D,OUTpin;
TEST-VECTORS ([ CLK,A,B,C,D ] -> [ OUT ])
                 [ c,0,0,0,0 ] -> [ x ];
                 [ c,0,0,0,1 ] -> [ x ];
                 [ c,1,1,0,0 ] -> [ x ];
                 [ c,0,0,1,0 ] -> [ x ];
                 [ c,1,1,1,0 ] -> [ x ];
END
```

至于仿真、熔丝图文件生成的过程和方法与ABEL-HDL语言是一样的。

### 2. 混合输入法

从上面语言描述和原理图描述两种方法的使用可以发现用原理图法进行设计较为直观，但较麻烦，一般已经有了电路再进行设计时使用较方便；而利用语言进行描述比较精确，有许多逻辑三言两语就可以描述了。对于复杂的逻辑无论是利用原理图描述还是用语言进行描述都不是非常方便的，在实际使用时通常使用混合的描述方法，用原理图绘制出实现该系统功能的逻辑框图，再用语言来描述各部分逻辑单元的功能。

下面通过一个8421BCD码六-十进制计数器的设计过程了解混合描述的方法和过程。

（1）原理图绘制

新建一个项目，在该项目中新建一个原理图的源文件，由于8421BCD码的六-十进制计数器可以分为一个十进制计数器和六进制计数器，因此在原理图中只需要画出这两个计数器的逻辑框图，并将这两个计数器进行必要的连接，然后将引脚进行定义。

绘制十进制和六进制计数器框图时是通过执行原理图编辑器“Add”菜单中的“New Block Symbol”命令进行的，执行命令时将弹出如图11.19所示的对话框，在“Block Name”文本框中输入框图名；Input/Output Pins对应的文本框中输入“输入/输出”的引脚标号，设置好后单击“Run”按钮，这时一个框图符号随着鼠标指针移动，单击鼠标将其放置在合适的位置。

New Block Symbol
Block Name: COUNT10　Use Data From This Block
Use Data From NAF File
Input Pins: CLK,CLR
Output Pins: Q3,Q2,Q1,Q0
Bidirectional Pins:
Run　Cancel　Edit

图 11.19　“框图定义”对话框

放置两个框图，并将两个框图连接好，然后将输入/输出引出来，完成后的电路如图 11.20 所示。保存该文件，这时项目管理器左边窗口中除增加一个原理图文件外，还有两行打问号的内容，这表示该原理图中有两个未经描述的模块，双击这两行并输入相应的模块文件就可以了。

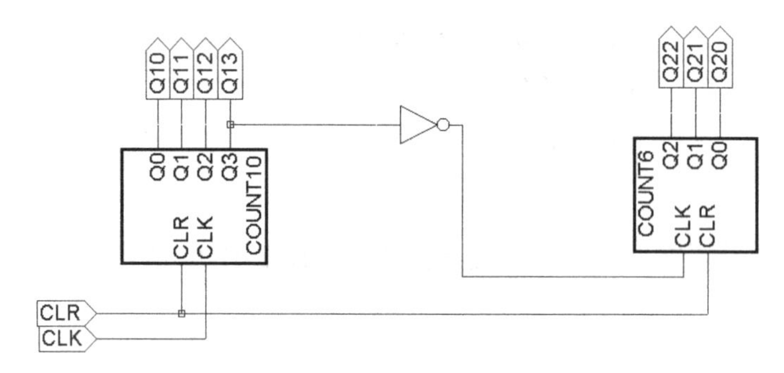


图 11.20　六-十进制计数器原理图

（2）建立 ABEL-HDL 源文件

图 11.20 所示的电路中两个模块的 ABEL-HDL 源文件如下。

```
MODULE COUNT10
CLK,CLR   pin;
Q3,Q2,Q1,Q0   pin   istype 'reg';
QQ=［Q3,Q2,Q1,Q0］;
EQUATIONS
QQ.CLK=CLK;
QQ.AR=CLR;
WHEN   QQ.FB= =9   THEN   QQ:=0   ELSE   QQ:=QQ.FB+1
END
MODULE COUNT6
CLK,CLR   pin;
Q2,Q1,Q0   pin   istype 'reg';
```

```
QQ=[Q2,Q1,Q0];
EQUATIONS
QQ.CLK=CLK;
QQ.AR=CLR;
WHEN  QQ.FB==5  THEN  QQ:=0  ELSE  QQ:=QQ.FB+1
END
```

### 11.3.3 熔丝图文件下载

在前面完成了可编程逻辑器件的设计，形成了熔丝图文件，下面就要将熔丝图文件下载到器件中。将熔丝图文件下载到器件可以利用编程器，对于在系统可编程器件，可以在应用板上借助一根与主机相连的电缆进行下载,下面以 isp 类器件来介绍熔丝图文件的下载。

完成了上面的设计过程并形成熔丝图文件后，用编程电缆连接主机和下载电路板，单击“开始”按钮，在“程序”组下的“Lattice Semiconductor”项单击“ispVM System”，这时就打开了 ispVM System 软件，该软件是专门用来向器件中下载熔丝图文件的。执行“ispTools”菜单下的“Scan Chain”命令，这时弹出如图 11.21 所示的窗口，在窗口中显示有两个可编程芯片，型号分别是 1016 和 GDS14。

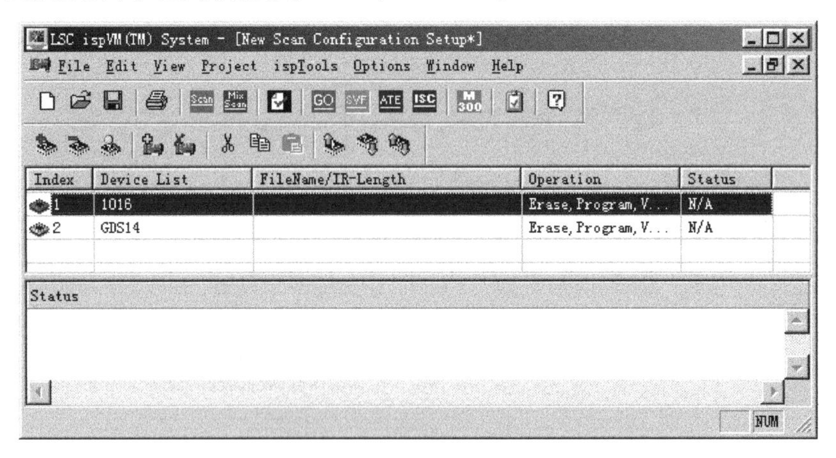


图 11.21 ispVM System 软件

双击需要编程的器件行，在如图 11.22 所示的弹出对话框中选择熔丝图文件，并设计编程。如果仅对一块芯片编程，将另一块芯片的操作方式选择为 Bypass。

选择相应的熔丝图文件，并设置好操作方式，执行“Project”菜单中的“Download”命令就可以完成下载操作。

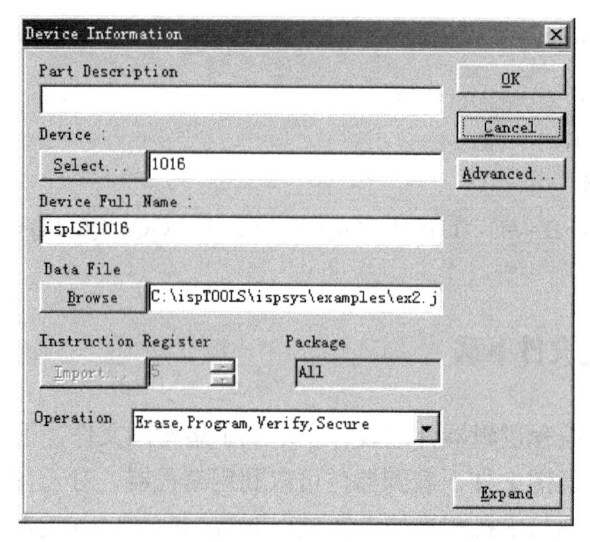


图 11.22　选择熔丝图文件和操作方式

# 第12章

# 实　验

## 12.1 原理图绘制实验

### 1. 实验目的

（1）了解原理图的绘制过程。

（2）掌握原理图的绘制方法。

（3）掌握元件参数的设置方法。

### 2. 实验内容

（1）按如图 12.1 所示的电路图放置元件。

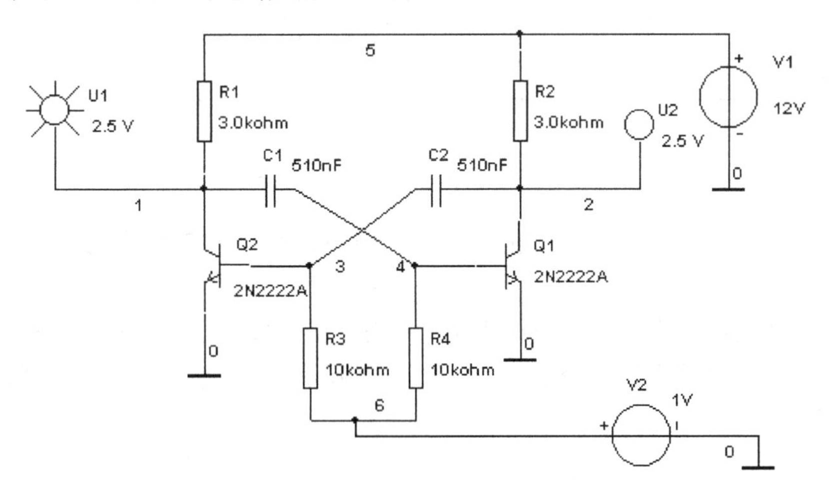


图 12.1　原理图绘制实验图

（2）按图 12.1 所示电路连接各元件。

（3）观察通电后电路的工作状态。

## 12.2 单管放大器仿真实验

### 1. 实验目的

（1）掌握数字式万用表、双踪示波器及失真度测试仪的使用。

（2）了解单管放大器的调试方法。

### 2. 实验原理

图 12.2 所示为单管放大器的原理图，该电路在实验使用时需要对其直流工作点状态、交流工作状态及失真情况、动态范围进行调试。

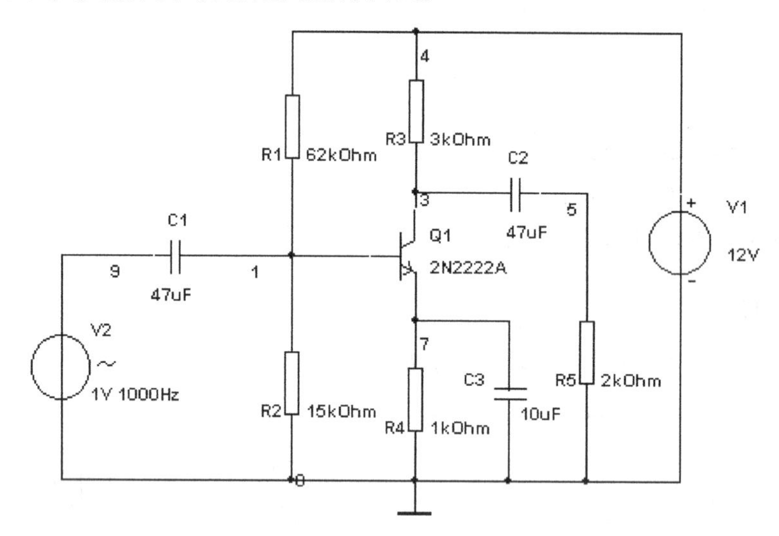


图 12.2　单管放大器原理图

有关直流工作点状态可以通过数字式万用表进行测试，根据单管放大器的工作原理，合理调节相关元件。

有关电路的交流工作状态、失真情况及动态范围可以通过双踪示波器观察输出波形进行调试，但当输出波形失真较小时，示波器将无法进行观察，这时可以通过失真度测试仪进行测试比较。

借助于数字式万用表、双踪示波器、失真度测试仪调整电路，使其满足下列要求。

（1）输出电压的动态范围为：$f$=1kHz，失真度小于 8%时，$U_{OP\text{-}P}\geqslant 2V$。

（2）电路的电压增益：$f$=1kHz，失真度小于 8%时，$A_V\geqslant 200$。

### 3. 实验内容

（1）直流工作点的调整

用数字式万用表测量晶体管的工作点的状态，根据测量结果调整相关元件，以增大电路的动态范围。

（2）失真情况观察

将输入信号调到 1kHz/20mV，用双踪示波器观察输出波形的失真情况，如有失真说明为何种失真，并用失真度测试仪测量其失真系数。然后将负载电阻断开再观察输出波形及失真度，观察负载电阻对输出波形的影响，并说明其原理。

（3）调整电路到设计要求

调整电路的相关元件（主要是基极偏置电阻），使其输出满足设计的要求（失真度小于 8%，输出 $U_{OP-P} \geqslant 2V$，电压增益 $A_V \geqslant 200$），记下电路中各元件的参数。

（4）观察电源电压对输出的影响

改变电源电压为 9V、12V、15V，分别测量出不失真的输出电压幅度。

## 12.3 两级放大器测试

### 1. 实验目的

（1）掌握数字式万用表、双踪示波器及波特图示仪的使用。

（2）了解放大级联对电路指标的影响。

### 2. 实验原理

图 12.3 所示为两个放大器的级联电路，由于两个放大器之间是使用电容耦合的，故级联时不会影响其静态工作点，但后一级的输入阻抗作为第一级电路的负载，同时第一级的输出阻抗相当于第二级放大器电路的输入阻抗，故两个放大器的级联并不是增益的直接乘积。同时两个放大器级联也会使总频带宽度发生变化。

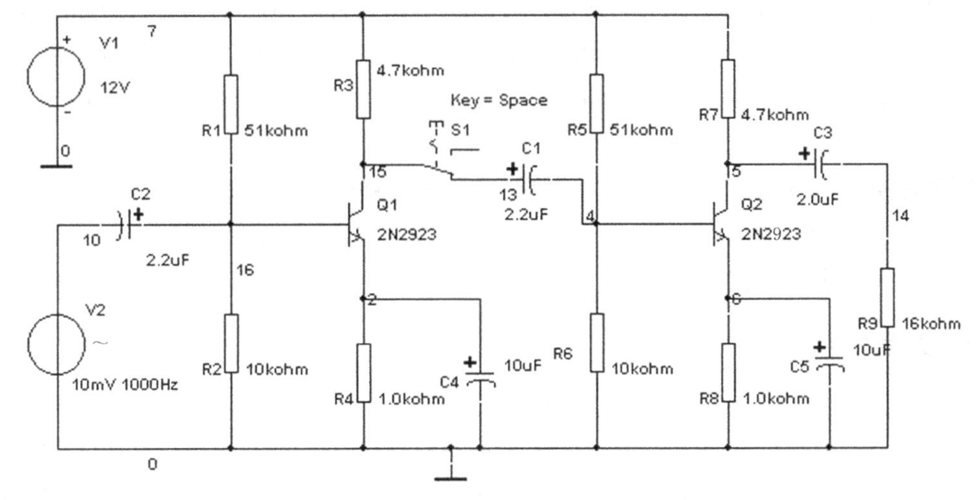


图 12.3 两个放大器的级联电路

3．实验内容

（1）各级放大器的增益及带宽的测量

通过 Space 键，将 S1 开关的状态拨向上，这时两个放大器是相互独立的，分别测量两个放大器的增益和带宽。

（2）放大器的总增益及带宽的测量

通过 Space 键，将 S1 开关的状态拨向下，这时两个放大器是相连的，借助于双踪示波器和波特图示仪分别测量放大器的增益和带宽。

（3）观察耦合电容对放大器增益及带宽的影响

改变耦合电容 C1、C2、C3 分别为 0.1μF、1μF、10μF，测量这三种情况下对增益及带宽的影响。

（4）观察旁路电容对放大器增益及带宽的影响

改变耦合电容 C4、C5 分别为 0.1μF、1μF、10μF，测量这三种情况下对增益及带宽的影响。

## 12.4 逻辑电路分析

1．实验目的

（1）掌握字信号发生器、逻辑分析仪及逻辑转换仪的使用方法。

（2）了解利用虚拟数字仪器进行数字电路分析的方法。

2．实验原理

在数字电路中分析逻辑电路通常是采用原理分析的方法进行的，其分析过程是写出每一级电路的输出逻辑表达式，最后写出总的逻辑表达式及真值表，再根据真值表分析出其逻辑功能。Multisim 提供了逻辑转换仪、字信号发生器和逻辑分析仪等虚拟仪器，可以通过实验的方法对电路进行分析。

逻辑转换仪一般用于多输入单输出的组合逻辑电路的分析，如图 12.4 所示；欲对多输入多输出的组合逻辑电路（图 12.5）或时序逻辑电路（图 12.6）进行分析需要使用字信号发生器及逻辑分析仪。

3．实验内容

（1）多输入单输出组合逻辑电路分析

多输入单输出组合逻辑电路可以使用逻辑转换仪进行分析，将电路的输入端与逻辑转换仪的输入端相连，电路输出端与逻辑转换仪的输出端相连，单击逻辑转换仪面板上的相关按钮就可以得到该电路的真值表，从真值表上可以分析出其逻辑功能。

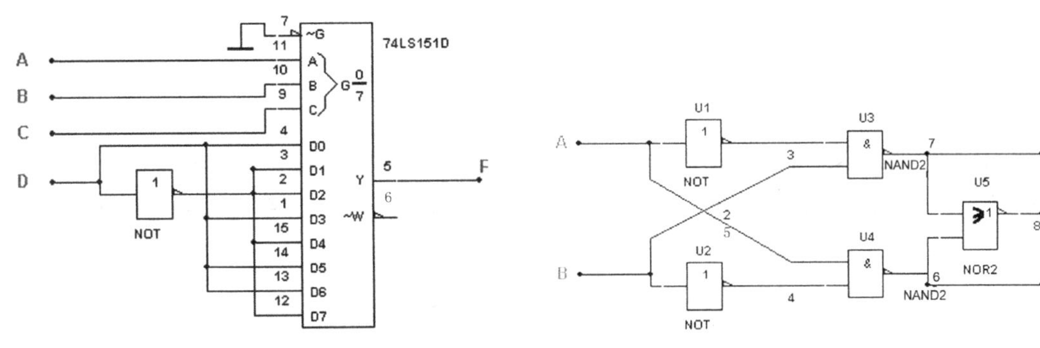


图 12.4 多输入单输出的组合逻辑电路 图 12.5 多输入多输出的组合逻辑电路

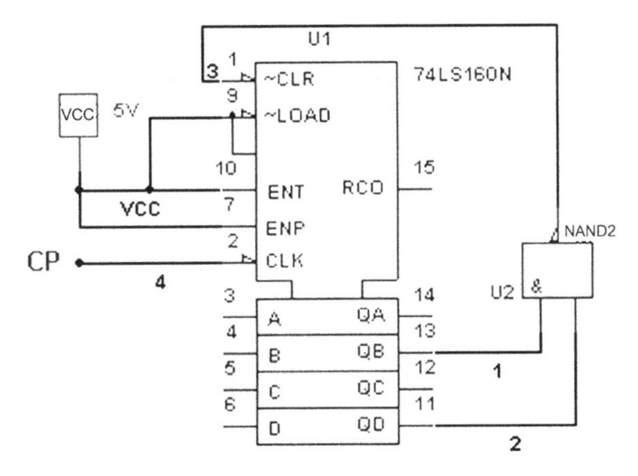


图 12.6 时序逻辑电路

（2）多输入多输出组合逻辑电路分析

多输入多输出组合逻辑电路的分析采用字信号发生器按一定的要求输出一串并行信号给被测电路的输入端，用逻辑分析仪同时测量被测电路的输入、输出波形，从测得的波形分析其逻辑功能。

（3）时序逻辑电路分析

时序逻辑电路分析时，在其被测电路输入端加一个方波信号，同时将该方波信号与逻辑分析仪的时钟输入端相连，同时观察输入与输出的波形，从波形上可以分析出逻辑功能。

## 12.5 印制电路板制作

### 1. 实验目的

（1）了解印制电路板的设计过程。

（2）理解原理图与印制电路板之间的联系。

（3）了解印制电路板走线的方法。

## 2. 实验电路

（1）双路输出稳压电源

图 12.7 所示为双路输出稳压电源电路。图中各元件对应的封装型号如下。

CON1:SIP3, CON2:POWER4; D1 ~ D4:DIODE0.7; C1 ~ C2:RB.4/.8; U1 ~ U2:TO-220。

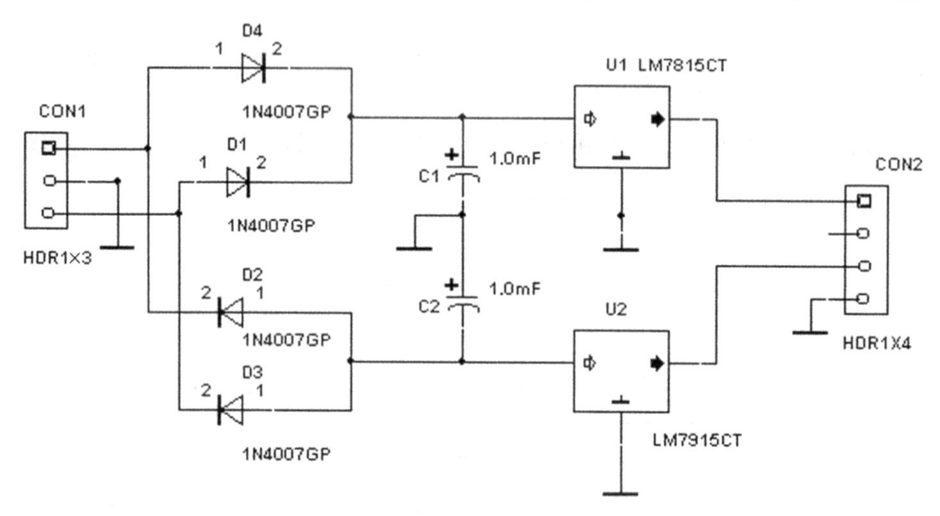


图 12.7　稳压电源电路

（2）方波信号发生器

图 12.8 所示为方波信号发生器的原理图，图中各元件的封装型号如下。

U1:DIP8；CON1:POWER4；D1 ~ D2:DIODE0.4；R1 ~ R7:AXIAL0.4；C1:RAD0.4。

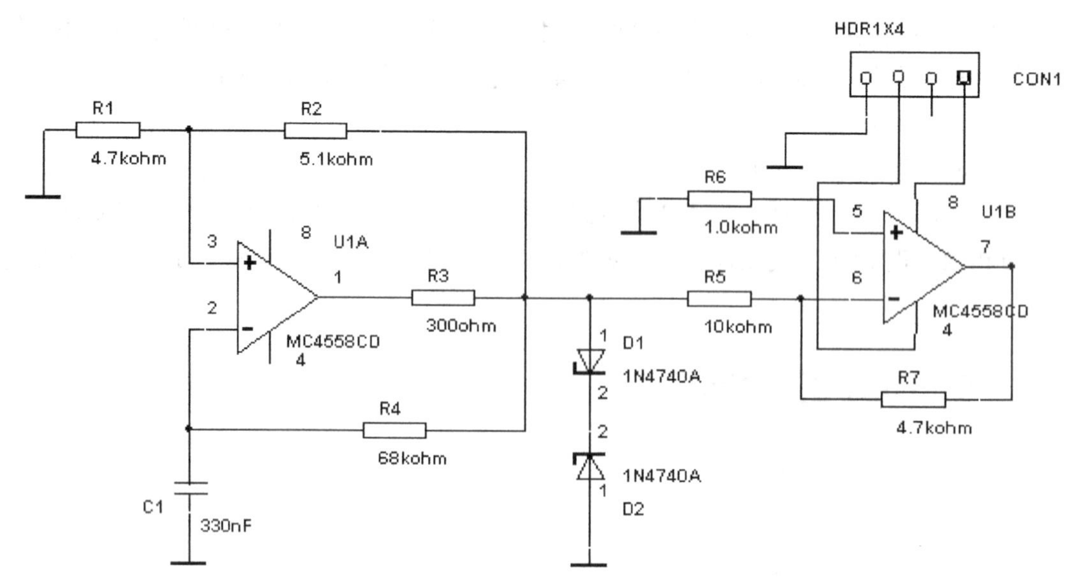


图 12.8　方波信号发生器的原理图

### 3. 实验内容

（1）用手工走线的方法将图 12.7 所示稳压电源电路敷设在 40mm × 80mm 的单面电路板上，连接器 CON1、CON2 分别放置在两端。

（2）利用自动走线的方法，将图 12.8 所示的方波信号发生器电路敷设在 40mm × 60mm 的双面板上。

## 12.6 可编程逻辑器件设计

### 1. 实验目的

（1）了解可编程逻辑器件的设计过程。

（2）了解可编程逻辑器件的熔丝图文件下载方法。

### 2. 实验原理

本实验通过 8 路抢答器的设计来说明实际设计一个系统的过程。8 路抢答器有 8 个用户抢答输入，当某一用户按下按钮时，触发锁存器电路，将当前的状态锁存并经编、译码电路送到数码管显示，重新抢答时裁判清除数码，并允许重新抢答。图 12.9 所示为一个抢答器的框图。

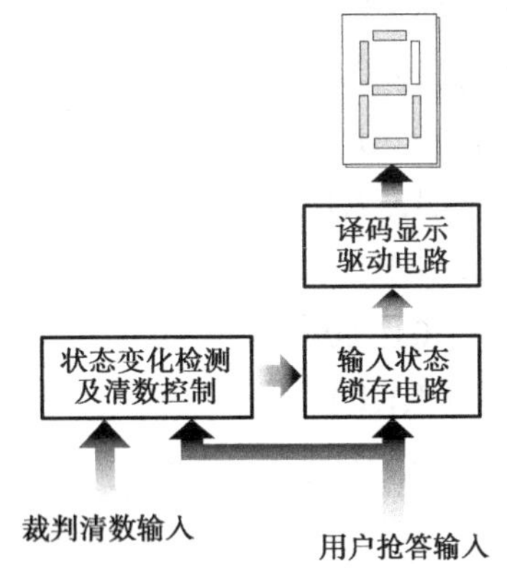


图 12.9 抢答器的框图

图 12.10 所示为抢答器的原理框图，图中 I7 ~ I14 为锁存器，I2 ~ I6 为触发控制及清数输入，I1 为编译码电路。

图 12.10 中的 DECODE 模块实际上是一个 8 输入的译码器和一个 BCD 码显示译码驱动电路，其输出直接与共阴数码相连接，该模块的 ABEL-HDL 源文件为：

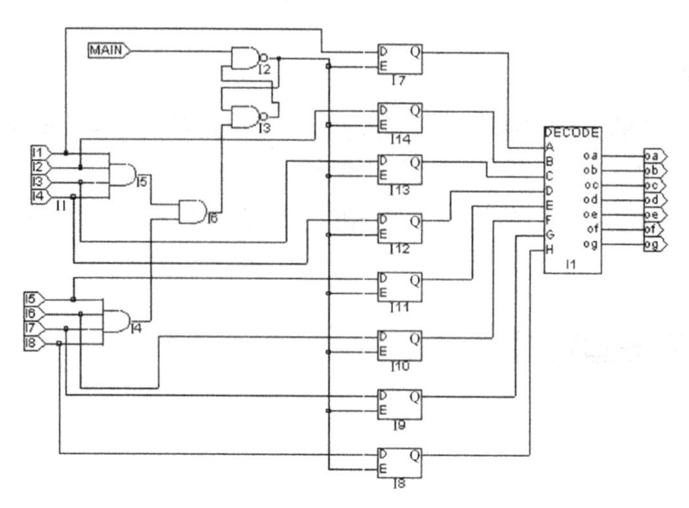


图 12.10　抢答器的原理框图

```
MODULE  DECODE
A,B,C,D,E,F,G,H pin;
oa,ob,oc,od,oe,of,og pin istype 'com';
x=.X.;
TRUTH_TABLE  ([A,B,C,D,E,F,G,H] → [oa,ob,oc,od,oe,of,og])
[0,x,x,x,x,x,x,x] → [0,1,1,0,0,0,0];
[1,0,x,x,x,x,x,x] → [1,1,0,1,1,0,1];
[1,1,0,x,x,x,x,x] → [1,1,1,1,0,0,1];
[1,1,1,0,x,x,x,x] → [0,1,1,0,0,1,1];
[1,1,1,1,0,x,x,x] → [1,0,1,1,0,1,1];
[1,1,1,1,1,0,x,x] → [1,0,1,1,1,1,1];
[1,1,1,1,1,1,0,x] → [1,1,1,0,0,0,0];
[1,1,1,1,1,1,1,0] → [1,1,1,1,1,1,1];
[1,1,1,1,1,1,1,1] → [0,0,0,0,0,0,0];
END
```

### 3. 实验内容

（1）根据 PLD 芯片的型号新建一个项目。

（2）编制图 12.10 的原理图源文件，图中 DECODE 方框是一个自定义的模块。

（3）新建一个 ABEL-HDL 语言的源文件，其模块名为 DECODE，源文件见实验原理部分。

（4）根据原理图新建一个测试向量，编译并测试结果是否一致。

（5）使用下载软件将设计的结果熔丝图文件下载到器件中并进行实际测试。

# Multisim11 软件快捷键清单

| 操作类型 | 快捷键 | 名称 | 功能描述 |
| --- | --- | --- | --- |
| 文件操作类 | Ctrl+N | 新建文件 | 新建一个空白文档，与“File”菜单中的“New”命令功能相同 |
| | Ctrl+O | 打开文件 | 打开一个已经存在的 Multisim 文件 |
| | Ctrl+S | 保存文件 | 保存当前文件 |
| | Ctrl+P | 打印文件 | 打印当前文件 |
| 编辑类 | Ctrl+J | 放置连接点 | |
| | Ctrl+U | 放置总线 | |
| | Ctrl+I | 放置 I/O 端口 | |
| | Ctrl+A | 选中图中所有对象 | |
| | Ctrl+D | 新建或打开描述文本 | |
| | Ctrl+M | 进入表单属性设置 | |
| | Ctrl+F | 查找元器件 | |
| | Ctrl+X | 剪切 | |
| | Ctrl+C | 复制 | |
| | Ctrl+V | 粘贴 | |
| | Del | 删除 | 删除选取的对象 |
| | Ctrl+B | 粘贴电路为子电路 | |
| | Alt+X | 水平翻转 | 选取对象水平翻转 |
| | Alt+Y | 垂直翻转 | 选取对象垂直翻转 |
| | Ctrl+R | 顺时针旋转 | 选取对象顺时针旋转 |
| | Ctrl+Shift+R | 逆时针旋转 | 选取对象逆时针旋转 |
| 帮助类 | F1 | 帮助 | |

# 参考文献

[1] 雷跃，谭永红．NI Multisim 11 电路仿真应用．北京：电子工业出版社，2011.

[2] 王廷才，王崇文．电子线路计算机辅助设计（Protel 2004）．北京：高等教育出版社，2006.

# 读者意见反馈表

**感谢您购买本书。为了能为您提供更多帮助，请将您的意见以下表的方式及时告知我们，以改进我们的服务。对收到反馈意见的读者，我们将免费赠送您需要的样书。**

个人资料

姓名__________电话__________ E-mail______________微信号__________

学校通信地址________________________专业__________

所讲授课程____________课时____________

您希望本书在哪些方面加以改进？（请详细填写，您的意见对我们十分重要）

________________________________________

________________________________________

________________________________________

________________________________________

________________________________________

您还希望得到哪些专业方向图书的出版信息？

________________________________________

您是否有教材或图书出版之类著作计划？如有可加微信号咨询：**nmyhl678**

扫一扫上面的二维码图案，加我微信

如果您是教师，您学校开设课程的情况

本校是否开设相关专业的课程　□否　　□是

本书可否作为你们的教材　□否　　□是，会用于____________________课程教学

谢谢您的配合，请发 E-mail :yhl@phei.com.cn 索取电子版文件填写或者联系如上微信号，任何问题都会帮助您解答。